中国科学技术大学研究生教育创新计划项目经费支持

研究生系列教材
化 学

实验室安全应急预案编制与演练

PREPARATION AND EXERCISE OF SAFETY EMERGENCY PLAN FOR THE LAB

李 娇 编著

中国科学技术大学出版社

内 容 简 介

本书以化学实验室、生物学实验室为主要研究对象，主要介绍了实验室安全应急预案编制及应急演练等内容，以期为高校和相关单位在开展实验室安全教育方面的教学和管理工作提供一定的指导。应急预案编制部分主要针对各种科研及教学实验室安全隐患进行分析，并制订相应的解决预案，包括实验室火灾事故、地震灾害、停电事故、危险化学品事故等专项应急预案；应急演练部分通过引入案例，详细分析应急演练的概念、意义、原则、目标、程序等。

本书可供高校实验室相关人员参考使用。

图书在版编目(CIP)数据

实验室安全应急预案编制与演练/李娇编著. —合肥：中国科学技术大学出版社，2023.12
中国科学技术大学一流规划教材
ISBN 978-7-312-05687-1

Ⅰ. 实… Ⅱ. 李… Ⅲ. 实验室管理—安全管理 Ⅳ. G311

中国国家版本馆 CIP 数据核字(2023)第 094747 号

实验室安全应急预案编制与演练
SHIYANSHI ANQUAN YINGJI YU'AN BIANZHI YU YANLIAN

出版 中国科学技术大学出版社
安徽省合肥市金寨路 96 号，230026
http://press.ustc.edu.cn
https://zgkxjsdxcbs.tmall.com
印刷 安徽国文彩印有限公司
发行 中国科学技术大学出版社
开本 787 mm×1092 mm 1/16
印张 9.75
字数 195 千
版次 2023 年 12 月第 1 版
印次 2023 年 12 月第 1 次印刷
定价 30.00 元

前　言

自然科学类的教学实验室、科研实验室存放了多种化学品、仪器设备。它们种类多、数量多，管理起来相对复杂，存在诸多不安全因素，稍有不慎就会造成安全事故。近年来，高校实验室发生的安全事故，造成了不同程度的人身损害和财产损失，这暴露了我国某些高校实验室在安全管理方面存在漏洞。

《教育部办公厅关于进一步加强高校教学实验室安全检查工作的通知》(教高厅〔2019〕1号)明确指出：高校要统筹制定教学实验室安全应急预案，坚持动态调整完善，做到"横向到边、纵向到底、不留死角"；要建立健全应急演练制度，不断提高现场救援时效和实战处置能力；要切实做好应急人员、物资和经费的保障工作，确保突发事件预防、现场控制等工作的及时开展。要对照安全检查结果，充分吸取经验教训，不断完善应急预案，建立健全应急管理机制，定期开展应急演练，确保能应急、有实效。因此，针对目前部分高校实验室存在的安全问题，校方应高度重视、吸取经验、严格培训、制定应急预案、加强应急演练。然而，受政策、管理、制度、经费等多方面因素的制约，全国仅部分高校设立安全教育课程，配套实验室安全相关课程的教材较少，有关实验室应急管理方面的教材更是稀缺，使得实验室安全教育无法深入推进。这可能会导致实验室存在安全隐患，容易引发实验室安全事故。这也直接关系到实验人员的生命财产安全，关系到社会的安全稳定。

本书以实验室安全事故应急管理和预案编制工作为中心，着重介绍应急预案的编制、实施、预案示例以及不同环境下应急处理的实操步骤、案例分析等知识，突出适用性、实用性和可操作性，让应急管理有理有据、有章可循，以期为高校和相关单位在开展实验室安全教育方面的教学及安全管理工作提供一定的指导。

本书的出版获得中国科学技术大学“研究生教育创新计划教材出版项目”的支持。在编写本书的过程中，本人收到了很多专家的宝贵意见和建议，在此对相关专家表示衷心的感谢！特别感谢朱平平老师、冯红艳老师、郑媛老师在实验室安全知识系统化方面给予的指导！由于编者水平有限，书中疏漏与不妥之处在所难免，敬请读者批评指正，以便今后补充完善。

编　者

2023年10月

目　　录

第一章

应急预案概述

2019年11月29日，习近平总书记在主持中共中央政治局第十九次集体学习时强调，应急管理是国家治理体系和治理能力的重要组成部分，承担防范化解重大安全风险、及时应对处置各类灾害事故的重要职责，担负保护人民群众生命财产安全和维护社会稳定的重要使命。这次重要讲话站在推进国家治理体系和治理能力现代化的战略高度，深刻阐述应急管理的重要作用、重要职责和重要使命，为加强应急管理体系和能力建设指明了方向和路径。这次重要讲话强调要发挥我国应急管理体系的特色和优势，借鉴国外应急管理有益做法，积极推进我国应急管理体系和能力现代化。应急预案作为应急管理体系的重要组成部分，是应急管理工作的核心内容之一，是及时、有序、有效地开展应急救援工作的必要保障。

第一节　应急预案的概念和作用

一、应急预案的概念

应急预案是指为预防和控制安全事故对人的生命财产和周围环境造成重特大损害所采取的应急行动方案。它是根据一些具体的设施、场所和环境，针对可能发生的事故及其影响和后果的严重程度，预先做出的科学、规范且合理的详细应急计划和安排，包括应急救援的人员组织架构，应急救援的设施、条件和环境，应急响应的流程，应急行动的步骤、注意环节，事故恢复情况等。这类预案明确了每一项具体实施程序，是开展及时、有序和有效的事故应急的行动指南，是应急救援的最根本保证。

因具体环境、设施、组织架构、物资保障及应急队伍等因素具有多变性，所以必须对相应的应急预案进行不定期的修订与更新。这样才能使应急预案最大限度地切合具体事故的特性，以便快速、科学且有效地控制和处理事故。

二、应急预案的作用

应急预案在应急系统中起着至关重要的作用，它明确了在突发事故发生前、发生过程中和发生后谁负责做什么、什么时候做以及如何做等相应的“4W+1H”应急策略（“4W+1H”是指Who、What、When、Where、How）。

应急预案在应急救援中的重要作用体现在以下几个方面：

(1) 应急预案确定了应急救援的范围和体系,使应急管理有据可依、有章可循。

(2) 应急预案有利于提升应急响应的效率,可指导相关人员迅速、高效、有序地开展应急救援,将事故造成的人员伤亡、财产损失和环境损害降到最低限度。

(3) 应急预案可以对事先无法预料到的突发事故起到基本的应急指导作用,为应急救援的顺利开展奠定基础。在实践过程中,我们可以针对特定安全事故类别编制专项应急预案,进行专项应急预案准备和演习;并且通过应急演练发现应急预案中可能存在的一些问题,验证预案的适应性,找到需要完善和修改的地方,使应急预案更为切合实验室具体情况及事故发生的特征,促进各部门间协调配合,全面提升人员的应急反应能力和应急救援能力。

第二节 应急预案的内容和基本要求

应急预案是事故应急救援的指导方案,其编制质量好坏、应急措施是否得当决定了救援行动的成败。只有科学、完备的应急预案,才能保障救援行动的顺利进行。人们只有高度重视应急预案的准确性,才能科学编制应急预案,使其具备科学性、针对性、适用性和可操作性。

一、应急预案的内容

应急预案一般包括总则、组织指挥体系及职责、预警和预防机制、应急响应、后期处置、保障措施以及附则、附录等内容。

1. 总则

总则部分主要说明编制预案的目的、工作原则、编制依据、适用范围等。

2. 组织指挥体系及职责

组织指挥体系及职责部分明确各组织机构的职责、权利和义务;明确事故发生、报警、响应、结束、处置、恢复等环节的主管部门与协作部门;明确各参与部门的具体职责,确保责任落实到位。

3. 预警和预防机制

预警和预防机制部分包括信息监测与报告、预警预防行动、预警支持系统、预警级别。

4．应急响应

针对不同的突发事故类别、不同的危害程度，人们所采取的应对措施各不相同，应急响应等级也不尽相同。国务院2006年1月8日发布的《国家突发公共事件总体应急预案》规定，各类突发公共事件按照其性质、严重程度、可控性和影响范围等因素，一般分为四个响应级别：Ⅰ级（特别重大）、Ⅱ级（重大）、Ⅲ级（较大）和Ⅳ级（一般）。

响应内容一般包括信息通信和处理、指挥和协调、应急处置、应急人员的安全防护、社会力量参与、事故调查分析、后果评估、应急结束等要素。

5．后期处置

后期处置部分包括善后处置、社会救助、保险、事故调查报告和经验总结等。

6．保障措施

保障措施部分包括通信与信息保障，应急支援与装备设施保障，技术储备保障，安全宣传、培训和演练，事故检查等。

7．附则

附则部分包括有关术语、定义，预案管理与更新，制订与解释部门，预案实施或生效时间等。

8．附录

附录部分包括相关的应急预案、预案总体目录、分预案目录、各种规范化格式文本，相关机构和人员通讯录等。

二、应急预案的基本要求

1．科学性

编制应急预案，必须建立在科学、求实的调查研究和分析的基础上，并经科学实践论证。

2．实用性

应急预案应具有针对性和实用性，即发生重大事故灾害时，有关应急组织、人员可以按照应急预案的规定迅速、有序、有效地开展应急救援行动，降低事故造成的损失。

3．合规性

应急预案的内容应符合国家法律、法规、标准和规范的要求。

4．可读性

应急预案的内容应语言简洁、通俗易懂、层次及结构清晰，易读易记，便于学习及参考。

第三节　应急预案的相关法规要求

因为应急预案在突发事件处理过程中起到举足轻重的作用，所以国家在各个法律层面都对应急预案的制订、使用等方面制定了相应的法规，以期发挥其引导作用，提高生产经营、运输及相关使用单位对应急预案的重视程度。

部分涉及实验室应急预案的相关法规如下：

(1)《中华人民共和国安全生产法》。安全生产领域的应急预案从法律层面提出了宏观要求。各相关单位应当制订本单位安全事故应急预案，建立应急救援体系。

(2)《中华人民共和国突发事件应对法》。明确易燃易爆品、危险化学品、放射性物品等危险物品的储存、使用单位应当制订具体的应急预案。此外，应急预案制订单位应当根据实际需要和情势变化适时修订应急预案。

(3)《危险化学品安全条例》。对危险化学品领域的应急预案制订从法规层面提出了具体要求。危险化学品单位(生产、储存、使用、经营、运输危险化学品的单位)应当制订本单位危险化学品事故应急预案，配备应急救援人员和必要的应急救援器材、设备，并定期组织应急救援演练。将有符合国家规定的危险化学品事故应急预案和必要的应急救援器材、设备作为申请危险化学品安全使用、经营、存储许可证的前置条件。

(4)《生产安全事故应急预案管理办法》《危险化学品重大危险源监督管理暂行规定》。提出危险化学品使用单位应当依法制订重大危险源事故应急预案，配合地方人民政府安全生产监督管理部门制订所在地区涉及本单位的危险化学品事故应急预案和应急预案演练计划，制订专项应急预案、应急演练计划(每年至少进行一次)，对重大危险源现场处置方案(每半年至少进行一次)。应急预案演练结束后，危险化学品使用单位应当对应急预案演练效果进行评估，撰写应急预案演练评估报告，分析存在的问题，对应急预案提出修订意见，并及时修订完善。

(5) 应急预案的编制、演练等相关标准可参照《生产经营单位生产安全事故应急预案编制导则》(GB/T 29639—2000)、《危化学品事故应急救援指挥导则》(AQ/T 3052—2015)、《危险化学品单位应急救援物资配备要求》(GB 30077—2013)等。

(6) 其他相关法律法规、部门规章可参照《中华人民共和国消防法》《中华人民共和国特种设备管理条例》《中华人民共和国环境保护法》等。

第二章

实验室安全专项应急预案

应急预案是为有序、及时且准确地应对突发事件而预先准备的工作方案。它明确了在突发事故发生之前、发生过程中以及结束之后谁负责做什么、何时做以及相应的应急措施和物资准备等。制订应急预案应以国家法律法规、国家和地方的应急预案和要求为基本依据，结合各个实验室的实际情况和涉及学科的特点来综合考量，并确保其科学性、有效性和时效性。每个实验室中都应张贴实验室事故应急预案，实验人员进入实验室前，都必须阅读和了解应急预案的内容，明确事故发生后的应急程序，包括如何报警、控制灾害、疏散、急救等应急措施。

在制订实验室安全专项应急预案时，首先要对实验室常见的事故进行分类，再按每个具体分类制订符合分类特点的应急预案，这样更具针对性、科学性和适用性，从而可切实且有效地降低和控制相应安全事故的危害，保护实验人员的生命安全。专项应急预案一般包括火灾事故专项、地震事故专项、停电事故专项、危险化学品事故专项和生物安全事故专项应急预案。

第一节　实验室火灾事故应急预案

实验室是教学、科研的重要场所，也是极易发生火灾的地方，因此，做好安全防范工作尤为重要。在制订预案的过程中应充分了解引发火灾事故的多种潜在原因，在开展预防工作的同时应重视应急预案的编制、完善和优化。一旦发生事故，要采取及时、有效的应急措施，这样才能最大限度地减轻事故伤害。

以下为×××学校×××学院×××实验室火灾事故应急预案。

一、总则

1. 目的和依据

为应对实验室突发火灾事故，及时、有序、高效地做出相应处理，保障师生员工的生命安全及学校的财产安全，保证实验室科研和教学工作的顺利进行，根据各单位学科专业特点及实验室类型，结合《中华人民共和国消防条例》《机关、团体、企业、事业单位消防安全管理规定》法律法规，特制订实验室防范火灾事故制度及应急预案。

2. 适用范围

本预案适用于对×××学校×××学院×××实验室发生火灾突发事件时的应急处理。

二、组织机构及职责分工

1. 组织机构

×××学校成立实验室安全事故应急处理领导小组，以便对×××学院×××实验室突发的安全事件进行及时处理，领导小组成员组成如下：

组长：×××(手机号码)

组员：×××(手机号码)、×××(手机号码)

疏散引导员：×××(手机号码)

应急报警员：×××(手机号码)

火灾扑救员：×××(手机号码)

应急救护员：×××(手机号码)

事故处理员：×××(手机号码)

2. 职责分工

坚持"安全预防当先行""统一领导、分级负责、责任到人"和"安全第一"的根本原则，做到事故应急与预防工作相结合，实行实验室安全工作领导小组统一领导、实验室全体人员分工负责、相互协作的管理模式。领导小组为实验室安全事故应急处理的领导机构，也是第一负责人。

三、运行机制

实验室安全工作坚持"以人为本、预防为主"的原则。对突发安全事故的处置要做到依法规范、反应迅速、分工明确、科学处置。

1. 预防举措

具体预防举措如下：

(1) 各实验室须建立健全实验室安全管理制度、事故责任体系及追责机制，明确各管理环节的安全负责人，责任落实到人，不断提升实验室管理人员的责任意识。

(2) 建立健全实验室安全档案、出入人员记录和使用登记制度。

(3) 实验室工作人员针对各种可能发生的突发事故，要加强预防，开展风险评估分析，做到早防范、早发现、早报告、早处置。

(4) 加强实验室标准化建设，由实验室负责人制订个人防护用品、应急设备配套、实验室危化品安全、安全操作规程等相关规范。

(5) 增强师生的安全意识，落实安全管理责任，加强日常安全巡查、检查，并及时督促整改，提醒相关人员提高警惕，尽快消除安全隐患。

(6) 加强实验人员的培训教育，加强应急反应机制的日常管理，在实践中通过经常演练不断完善应急预案，提高实验人员应对突发事故的实战能力。

(7) 通过规范和加强实验室安全管理，认真落实各项安全管理规章制度，有效预防安全事故的发生。

2. 安全检查

(1) 每个实验室均须选派一位实验安全员，负责参与全部实验室的定期巡查，汇总安全问题并及时向负责人汇报。

(2) 与实验有关的所有人员均有义务对实验室安全状况进行监督、检查、举报。

(3) 实验过程中，注意检查实验室内的安全状况。例如，检查水、电、气是否正常，检查实验室内有无异常气味、响声、(非正常)火苗等，检查空气中有无不明烟雾，检查地面上有无不明液体、固体等。

(4) 实验操作人员定期对仪器设备进行检查。包括对仪器设备电气性能的评估；对装载易燃气体钢瓶或其他容器的安全检测；对化学试剂存储设备的常规安全性检查；对实验室水、电、气等运行状况的检查等。

3. 信息报告

(1) 实验室安全事故发生后，现场人员应在自救、保护现场的同时立即向实验室安全负责人汇报。经初步判定事故情况后，应立即上报单位应急指挥小组，根据事故的严重程度，及时启动应急预案，迅速、准确地报警，向医疗部门寻求医疗救助，并及时采取自救、互救措施。

(2) 如出现本单位无法单独处置的较大人身伤害事故或不及时处置可能导致人员伤亡及重大财产损失的突发安全事故，除了迅速采取适当的应急救援措施外，由上级单位应急指挥小组负责指挥、协调，处置。

(3) 凡发生实验室安全事故，必须逐级准确上报，不得隐瞒不报。对迟报、谎报、瞒报、漏报事故情况的，根据国家相关规定对相关责任人及单位给予相应处分；情节严重者，移交司法机关追究其刑事责任。

四、报警、通信联系方式

1. 报警方式

火警：119

急救：120

报警:110

2. 通信联系方式

(1) 校内总值班室:×××(手机号码)

保卫处:×××(手机号码)

医护室:×××(手机号码)

(2) 应急救援人员:×××(手机号码)、×××(手机号码)

安全事故应急领导小组根据火灾具体情况向内部发布事故信息,做出紧急疏散、撤离等警报,或向社会和周边发布警报。内部应急救援人员应保持联系方式24小时开机,争分夺秒,第一时间处理应急事故,减轻事故伤害。

五、事故发生后应采取的处理措施

1. 事故原因分析

(1) 实验室用电不当:供电线路老化、超负荷运行导致线路发热,引发火灾;实验室高压电器设备产生火花或电弧、静电放电产生火花等,引发火灾;操作人员用电不慎或操作不当,引起电气火灾;等等。

(2) 易燃易爆危化品保管不当:实验室内存储的易燃易爆危化品如果保管不当,就很容易成为引发实验室火灾事故的隐患。

(3) 人为疏忽和操作不当:实验过程中,由于人为疏忽或者操作不当,很容易导致火灾。

2. 事故处理措施

(1) 报警(拨打119、120、110以及校内相关应急救护联系方式等),并逐一排查事故原因。

(2) 事故处理(切断电源、转移危化品、采取灭火措施等),按照"生命第一、物品次之"的原则抢救被困或受伤人员及贵重物品。

(3) 设警戒隔离区域,并组织人员有计划、有序地疏散人员。

(4) 将伤员运送至安全区域并及时抢救。

(5) 火灾扑救员等抢险人员应注意自身安全,做好个人防护和必要的防范措施,防止意外事故的发生。

(6) 根据火灾类型,采用不同的灭火器材进行灭火。实验室起火,一般不宜用水扑救。如果火势较大不能灭火,就应等待专业的消防人员,切勿强行灭火,否则可能会造成更多的人员伤亡。

六、事故应急处理和控制措施

对于初起火灾，各实验室负责人应及时切断火源和电源，防止事态扩大。在保证安全的前提下灭火，切忌盲目灭火。应对火灾事故，首要任务是确保人员安全，扑救必须要在确保人员安全的前提下方可进行。如火势较小，应迅速采取有效的灭火措施；如火势过大无法扑灭，应迅速报警和组织人员撤离，同时把所有通向火场的门关紧，并用湿毛巾或湿衣服堵住门缝，以阻止火情的蔓延，等待专业消防人员来灭火。

1. 情况报告、报警程序

应急报警员立即通知学校保卫处及相关部门。同时，根据火情大小和伤亡情况，确认是否报警。如需报警，应立即报告消防中心(119)、医疗部门(120)，说清楚失火的单位名称和具体地址、起火点的位置、起火物品名称、火情大小、火灾现场有没有危险品、现场伤害和伤亡情况、受伤者是否转移、报警人姓名和联系方式等准确信息。在向领导汇报的同时，派出人员到各路口等待，引导消防车辆和急救车辆迅速到达火灾现场。

教职工在接到火灾报告后，要迅速到达火灾现场并组织火灾的扑救和人员疏散。

2. 隔离区域

划出警戒范围，严禁无关人员进入着火现场，以防发生不必要的伤亡，同时保护事故现场，为事后调查起火原因提供有力证据。

3. 应急疏散程序

(1) 人员疏散工作

应对火灾时，现场指挥人员应保持镇静，根据起火的位置和疏散的路线，在疏散通道楼梯口布置好疏散引导员，引导人员有序疏散，稳定好人员情绪，维护好现场秩序。分楼层按顺序疏散，疏散顺序：着火层；着火层以上楼层；着火层以下楼层。

疏散引导员应组织人员有序疏散，防止人员因惊慌造成挤伤、踩伤等二次事故。楼栋内的师生听到警报声后，应听从现场指挥人员的指挥，从楼栋的消防通道内快速撤离火场，切勿因救物而延误逃离的最佳时机。

疏散须知：

① 听从疏散引导员的指挥，行动迅速而不慌乱。

② 通过烟雾区域时，须用湿毛巾(或湿衣服等)捂住口鼻，低姿前行。

③ 疏散过程中，如身上着火，应尽快把衣服脱下扔掉，切记不可奔跑，会导致火越烧越旺，还有可能把火种带到其他地方。如旁边有水，应立即用水浇洒全身，或用湿衣服等压灭火焰。着火人也可就地倒下打滚，把身上的火焰压灭。

④ 已疏散人员在楼外指定安全区域集合，未接到通知不得返回火灾现场。

(2) 物资疏散工作

在应急抢救过程中，应坚持“先救人，后救物”的原则，一切行动听指挥。在保证人身安全的前提下，参与应急救援的人员首先需要转移可能扩大火灾影响范围和有爆炸危险的物品，例如起火点附近的气瓶、化学实验室易燃易爆和有毒的化学品，以避免二次事故的发生；然后转移重要、价值昂贵的物资，例如机密文件、档案资料、精密仪器设备等。

4. 火灾扑救程序

(1) 发生火情时

在确保自己人身安全并能安全撤离的前提下，在场人员可采取及时、有效的措施进行扑救。例如，发生有机物或能与水发生剧烈化学反应的试剂药品，若小面积着火，可用实验室配备的消防沙覆盖火焰直至扑灭，也可使用灭火器，切不可随意用水灭火，以免因扑救不当造成更大的损失。使用灭火器时，应注意周围的环境，由于灭火器喷发出来的灭火剂具有一定的压力，使用时应避免打翻其他化学试剂，防止火势变大。

(2) 发生火灾时

① 现场人员不要轻易打开门窗，应立即切断实验室的电源，移走气体钢瓶等压力容器。

② 实验室安全负责人接到火灾警报后应立即到达火灾现场，了解火灾的性质，火灾现场可能存放的危险化学品的种类、存量，有无其他危险隐患，有无人员被困等信息。火灾在可控范围内，应根据不同的起火原因，有效地组织实验室其他人员采取隔离灭火法、冷却灭火法、窒息灭火法进行灭火。如果可能，在第一时间使用便携式灭火器或消防水枪进行灭火，具体见表 2.1、表 2.2。

表 2.1 常见的火灾扑救法

火灾扑救法	具体内容和使用条件
冷却灭火法	最常见的灭火方法，用水和二氧化碳作为灭火剂冷却降温灭火。在火场上，除了直接扑灭明火外，还可以冷却尚未燃烧的可燃物，防止二次失火或者爆炸。
窒息灭火法	适用于扑救封闭式空间及容器内的火灾。 ① 用沙土、湿毛巾等不燃或难燃物质覆盖燃烧物或封闭式空间或容器外漏孔洞。 ② 用水蒸气、二氧化碳或惰性气体等充入燃烧区域内。 ③ 喷洒雾状水、干粉、泡沫等灭火剂覆盖燃烧物。 ④ 扑救钾、钠、镁粉等化学品时，应采用干沙埋压或 D 型灭火剂方法。 ⑤ 在无法采取其他扑救方法且条件又允许的情况下，可采取水淹的方法。

续表

火灾扑救法	具体内容和使用条件
隔离灭火法	适用于扑救各种固体、液体、气体火灾。 ① 关闭可燃气体、液体管道的阀门，以减少和阻止可燃物质进入燃烧区域。 ② 阻拦流散的易燃、可燃液体或扩散的可燃气体。 ③ 封闭建筑物的孔洞，如门窗、楼板洞等，防止火焰和气流从孔洞蔓延而引燃可燃物。
抑制灭火法	采用抑制灭火法时，一定要将足够数量的灭火剂准确无误地喷射到燃烧区内，使灭火剂参与并中断燃烧反应。否则，将起不到抑制燃烧反应的作用，达不到灭火的目的。要同时采取冷却降温措施，以防燃烧物质复燃。

表 2.2 常见的灭火器

灭火器	适用范围
水基灭火器	主要用于扑救易燃固体或非水溶性液体的初起火灾，其中水基型水雾灭火器还可以扑救带电设备的火灾。
干粉灭火器	共分为 ABC 类和 BC 类两种。ABC 类干粉灭火器可用于扑灭固体、液体、气体火灾；BC 类干粉灭火器主要用于扑灭液体和气体火灾。
二氧化碳灭火器	主要用于扑救贵重设备、档案资料、仪器仪表、电气设备及油类火灾，但不能扑救钾、钠、镁等轻金属火灾。
泡沫灭火器	主要用于扑救一般固体、油类等可燃液体火灾，但不能扑救带电设备和醇、酮、酯、醚类有机溶剂的火灾。
1211 灭火器	主要用于可燃液体或者可燃气体发生的火灾(目前，国家逐步限制使用，主要是因为卤代烷会对大气造成污染，对人体有害)。
D 型灭火器	主要用于金属及轻金属 D 类火灾：镁、钠、铝、钼、锂、钾以及碱金属、金属氢化物等金属有机化合物。

③ 当火情无法有效控制时，应拨打 119 等联系方式向公安消防部门和学校保卫处报警，同时通知附近实验室人员及时疏散，并及时上报给安全事故应急小组，听从统一指挥。

(3) 配合公安消防队灭火

在消防队到达火灾现场后，应在公安消防员的指挥下，积极配合，共同灭火。扑灭火灾后，应急指挥小组应组织人员检查火场是否存在火险隐患，并配合消防部门查清起火缘由，处理好事故的善后工作。

5. 火场自救与急救措施

(1) 火场自救

发生火灾时，首先要保持镇定，观察、判断火势情况，明确自己所在环境的危险程度，以便采取相应的措施，争取时间，逃生自救。

① 遇到火灾时，不可乘坐电梯，应根据安全出口指示方向逃生。

② 当火势不大时，应沿着消防通道迅速往楼下跑，切不可随意乱跑，否则可能引火上身，还可能引起新的燃烧点，造成火势蔓延。

③ 穿过浓烟逃生时，要马上停止前进，要尽量使身体贴近地面，并用湿毛巾、湿衣服等捂住口鼻。

④ 如无法撤离，千万不要盲目跳楼，尽量退至室内，关闭通往着火区域的门窗，用湿毛巾或湿衣服等堵塞门缝并泼水降温，延缓火势蔓延，发出求救信号。可利用疏散楼梯、阳台、水管等逃生自救。

⑤ 如身上起火，不可惊慌奔跑或拍打，以免风助火旺，也不要站立呼叫，以免造成呼吸道烧伤，应就地打滚或用厚重的衣服压灭火苗。如烧伤面积不大，可以采用直接浇水方式，切不可用灭火器直接向着火人身上喷射，因为灭火器内的药剂可能会引起伤口感染。

(2) 火场急救

① 对于烧伤者，应迅速扑灭其身上的火焰，减轻烧伤程度；可用冷水冲洗、冷敷或冷水浸泡，以降低皮肤温度；用干净纱布覆盖和包裹烧伤创面，切忌在烧伤处涂各种药水和药膏；不要随意把水疱弄破，以防伤口感染。患者口渴时，可适量饮水或含盐饮料。转运烧伤者时，动作要轻、稳，以免加重皮肤损伤。对烧伤者经过初步处理后，应及时就近送医治疗。

② 对于昏迷伤者，应先移至阴凉处，解松颈、胸部衣物，保持呼吸顺畅；对于呼吸困难者，应保持半坐卧姿势，等待120救援；对于呼吸、心跳停止者，应立即进行心肺复苏，专业人员可对伤者实施人工呼吸和胸外心脏按压，非专业人士可使用AED(自动体外除颤器)辅助。

事故中发现伤员时，事故应急处理小组应及时组织人员将伤员尽快送至校医院进行急救或联系120并护送伤员去医院救治。

6. 清点程序

处置结束后或在消防队到场后，应及时清点人员和已疏散的重要物资，查清有无人员被困于火场中以及有待转移的重要物资，并将情况及时报告组长。

七、应急响应的终止

当事故得以控制，由总指挥下达解除应急救援的命令，由学校安全部门通知解除警报和警戒人员撤离。如果涉及周边社区和单位疏散时，应由总指挥通知周边单位负责人或者社区负责人解除警报。

八、事故调查及总结

(1) 事故发生后，事故应急处理小组负责保护好现场，以便调查实验室发生火灾的原因，总结应急过程的经验教训，同时提出整改意见，完善应急预案。

(2) 事故原因查明后，事故单位须向上级主管部门提交事故正式书面报告，及时将事故发生的起因、处理过程、原因分析和整改措施上报。同时，根据事故的具体情况追究相关人员责任。对于事故伤害较轻的，责任人予以通报批评并根据造成的损失给予一定的经济处罚；对于事故伤害较大的，应报上级部门调查处理。

九、突发安全事故的应急保障

1. 通信保障

当事故发生时，应立即上报实验室负责人和单位应急指挥小组。如果应急指挥小组确定启动应急预案，那么应服从统一指挥。应急人员在进行现场应急处置时，应做好记录，保证应急处理信息的畅通无阻。实验室相关人员及管理人员的手机应保证24小时畅通。

2. 技术保障

聘请相关专业的专家，加强实验室规范化建设，提高实验人员的安全意识、防范意识，做好实验室安全培训，组织安全应急演练，提高突发安全事故的处理能力。

3. 预案管理

要定期对应急预案进行评审，并根据重大事故的形势变化和实施情况及时发现问题，及时进行修订和完善。

十、附则

本预案由×××学院组织落实，全体实验室工作人员必须严格按照本预案的规定实施。具体编制依据如下：

(1)《中华人民共和国安全生产法》；

(2)《中华人民共和国突发事件应对法》；

(3)《中华人民共和国消防法》；

(4)《危险化学品安全管理条例》；

(5)《生产经营单位生产安全事故应急预案编制导则》(GB/T 29639—2000)；

(6)《危险化学品重大危险源辨识》(GB 18218—2018)；

(7)《生产安全事故应急预案管理办法》；

(8)《生产经营单位生产安全事故应急预案评审指南(试行)》。

本预案自发布之日起施行。

十一、附件

(1) 组织机构名单；

(2) 值班人员的联系方式；

(3) 组织应急救援人员的联系方式(表2.3)；

(4) 单位平面布置图；

(5) 消防设施布置图；

(6) 外部救援单位及政府有关部门的联系方式(表2.4)；

(7) 灭火器的使用方法。

表2.3 组织应急救援人员的联系方式

应急救援领导小组			
职务	姓名	联系方式	备注
组长			
副组长			
疏散警戒员			
火灾扑灭员			

续表

应急救援小组成员				
组别	姓名	职务	联系方式	备注
应急救护员				
事故处理员				

表 2.4　外部救援单位及政府有关部门的联系方式

部门	联系方式
应急管理局	
附近医院	
消防队	
交警队	
派出所	
环保局	
供电所	

第二节　实验室地震灾害应急预案

地震是一种突发性的自然灾害。基于目前的科学水平，人们还无法准确地预测地震发生的时间、地点和震级，因此，必须做好防震减灾应急预案。一旦发生破坏性地震，应急预案可以及时、高效地减轻地震灾害带来的巨大破坏和损失。以下为×××学校×××学院×××实验室地震灾害应急预案。

一、总则

1. 编制目的

建立统一领导、分级负责、反应迅速、协作有序、处置及时的应急反应机制，使高校实验室在破坏性地震临震预报发布或破坏性地震发生后，能够高效、有序地做好应急工作，最大限度地减轻地震灾害造成的损失。

2. 编制依据

根据《中华人民共和国防震减灾法》《破坏性地震应急条例》《国家地震应急预案》《国家突发公共事件总体应急预案》《国家安全生产事故灾难应急预案》等法规、规定，结合学校总体应急预案，制定本预案。

3. 工作原则

(1) 以人为本。把保障广大师生的人身安全及健康作为地震灾害应急救援工作的出发点和落脚点，最大限度地减少突发地震灾害性事件造成的人员伤亡和危害，并切实加强对应急救援人员的安全防护工作。

(2) 预防为主。应对地震灾害应坚持常态化管理，提高防范意识，完善应急硬件及软件建设，落实培训工作，做好应急预案演练，将预防与应急处置相结合，有效控制地震灾害带来的损失。

4. 适用范围

本预案适用于×××学校×××学院×××实验室处置的地震灾害事件。

二、应急机构组成及职责

1. 组织机构

为应对突发性地震灾害，学校成立××应急领导小组，统一领导、指挥地震应急与救灾工作。

领导小组组长：×××(手机号码)

领导小组副组长：×××(手机号码)、×××(手机号码)

成员：×××(手机号码)、×××(手机号码)、×××(手机号码)

2. 各机构职责

(1) 应急领导小组职责

① 承担应急领导小组的日常事务；

② 制订和定期修订地震应急预案和应急工作程序;

③ 具体协调各工作组之间的应急救援工作;

④ 负责组织防震知识的宣传、培训,组织应急演练;

⑤ 承担地震应急、报告以及上情下达、下情(灾情)上报等职责;

⑥ 进行应急资金的调度及所需物资、装备、设备、器材的供应;

⑦ 安排应急救援期间的值班工作;负责接待及其他后勤保障工作。

(2) 应急机构设置及职责

① 应急疏散组及职责

组长:×××(手机号码)

成员:×××(手机号码)、×××(手机号码)及全体教师

职责:a. 以谁上课谁负责和方便疏散为原则,负责组织师生在发生地震灾害时就近避震;利用学校操场、绿地和空旷地带组织师生就地避震并在震后有序、快速疏散;b. 编制学校地震应急疏散平面图、各楼栋疏散路线图,建立紧急避难场所并设置标识等;c. 妥善安置应急生活必需品等保障工作;d. 妥善安置受伤师生,做好灾情统计、上报工作;e. 组织开展师生避震、疏散、简单急救演练。

② 通信、交通保障组及职责

组长:×××(手机号码)

成员:×××(手机号码)、×××(手机号码)

职责:a. 保证指挥部与上级单位及学校各部门、各单位之间联系通畅;b. 组织专业通信抢修队伍,尽快恢复通信网络;c. 组织运输车辆,负责伤员运送和物资运输工作;d. 落实地震应急用车,以备震情采集及通信中断后的紧急联络。

③ 抢险救援组及职责

组长:×××(手机号码)

成员:×××(手机号码)、×××(手机号码)

职责:a. 组织实施自救和互救,抢救灾害中被埋压人员;b. 抢救重要财产、重要档案等;c. 负责轻伤员应急救援、联系急救中心抢救重伤员;d. 负责防范和应对可能发生的次生灾害,如火灾、爆炸、疫病、有毒有害物质污染等。

④ 安全保卫组及职责

组长:×××(手机号码)

成员:×××(手机号码)、×××(手机号码)

职责:a. 在破坏性地震或强有感地震发生后,负责重点部门的安全保卫工作,避免人为破坏;b. 负责维护治安,协助开展伤员救治和火灾扑救等工作。

⑤ 宣传教育组及职责

组长:×××(手机号码)

成员：×××(手机号码)、×××(手机号码)

职责：a. 组织学习地震预防及应急的基本知识，加强日常地震知识的宣传和培训工作；b. 统一宣传口令，做好地震应急宣传报道；c. 报道震情、灾情信息及防震减灾工作进程；d. 组织各单位进行瞬时避震、疏散和地震救助的应急演练，每年至少进行一次。

三、应急处置

1. 信息报告

地震发生后，××应急领导小组要立即向上级有关部门报告。信息报告内容应包括时间、地点、事件性质、影响范围、事件发展趋势、已采取的措施和伤亡情况等。应急处置过程中，要做好相应记录，并及时向上级部门汇报重要情况。

2. 先期处置

地震发生后，××应急领导小组及下级各分组根据本预案迅速开展应急救援工作，采取有效的措施控制事态发展，并及时向上级有关部门报告。

3. 应急响应

地震发生后，××应急领导小组全面负责全校的指挥处置工作。

4. 指挥与协调

××应急领导小组在上级应急指挥机构的统一指挥和指导下开展工作。需要学校处置的，由××应急领导小组统一指挥，开展处置工作。

5. 临震应急

在政府部门发布破坏性地震临震预报后，即进入临震应急期(临震应急期一般为10天)。分工如下：

(1) 应急领导小组

在临震应急期召开领导小组会议，通报震情，宣布进入临震应急期，布置应急防御措施。命令各小组成员迅速上岗，并进入紧急工作状态；检查抗震救灾各项措施的落实情况和准备情况，储存物资，做好抢险救灾的各项准备工作；对临震应急活动中产生的问题进行紧急处理；及时向上级部门汇报情况。

(2) 应急领导小组办公室

强化24小时值班制度；协助应急领导小组执行本预案，行动听指挥；掌握震情趋势，及时向领导小组汇报；与有关单位加强联系。

(3) 其他各小组工作

所有工作人员立即上岗，服从应急领导小组统一指挥，各司其职，实施本预案。

6. 震后应急

(1) 震后工作部署

在破坏性地震发生后，即进入抗灾抢救工作阶段。分工如下：

① 应急领导小组

在震后召开领导小组会议，宣布进入震后应急阶段；在震后两小时之内，通报震情和灾情，并向上级部门及地震部门及时汇报；领导小组领导和指挥各组进行抗灾救灾；对震后应急中出现的问题，采取有效措施进行紧急处理；按照震情、灾情，制订临时工作方案、恢复工作方案和复课方案。

② 应急领导小组办公室

协助、负责组织本预案实施，并协调各组工作；负责指挥部日常事务，处理突发事件；负责灾情评估和上报工作。

③ 通信、交通保障组

组织人员抢修通信设备、线路，优先服务重灾区；抢修运输工具和运输线路，或者组织专门的运输力量，保证救灾物资的运送；保证伤员及时运出及救灾物资的运进。

④ 宣传教育组

及时通报震情形势，消除师生恐震心理，做好震后宣传，稳定校内秩序；宣传救灾知识，减少次生灾害的发生；及时采取辟谣措施。

⑤ 抢险救灾组

决定是否需要外援人员及抢险救灾组确定人数，确定抢救方案；抢救人员立即赶赴现场组织自救、互救、抢救工作；制订重要物资、仪器、资料抢救方案。

⑥ 治安保卫组

制订临时安全保卫条例；按照灾情严重程度及危害程度分片、分工负责安全保卫工作。

(2) 现场抗震救灾工作

① 发生地震灾害后，要立即组织员工开展自救、互救工作。

② 组织前来支援的抢险救灾队伍抢救压埋人员和遭受地震次生灾害而受伤的人员。

③ 组织力量尽快抢修被破坏的要害工程，采取紧急措施防止和控制火灾、爆炸、水灾、污染等次生灾害。

④ 组织力量协助上级有关部门尽快抢修被破坏的公用设施，尽快恢复和保障供水、供电、交通、通信等生命线工程系统的正常运行。

⑤ 组织前来支援的救护队伍及医务人员抢救伤员，并做好防疫工作。

⑥ 采取措施疏散、安置受灾人员以及保障吃、穿、住等基本生活条件。

(3) 地震发生时的应急措施

① 为防止次生灾害的发生，首先切断电源、气源，防止发生火灾和爆炸。

② 立即组织人员撤离到安全空旷地带，疏散时应避开高大建筑物、高压线、变压器，严禁推搡、拥挤、抢先、吵闹，须做到有序撤离，一切听指挥。

③ 在实验室内时，要保持头脑清醒、冷静，做出敏捷反应，这是保障安全的关键。在室内，若来不及撤离，可暂时躲在牢固的办公桌等坚固的家具下，或躲在小开间及墙角处，在地震后再从楼梯迅速撤离；正在做实验或者操作仪器的人员，要立即关闭仪器，切断电源，然后迅速撤到安全处；对于特殊设备，要在确保自身安全的前提下按专业的流程进行操作。

④ 高层楼房里的人员不可使用电梯，不可跳楼。

⑤ 当发生大地震后，可利用两次地震之间的间隙迅速撤离危险区域。

7. 应急结束

事故现场得以控制，环境符合有关标准，且导致次生、衍生事故的隐患消除后，经当地应急指挥机构批准，××应急领导小组宣布现场应急结束。

四、后期处置

1. 恢复与重建

(1) 善后处置

① 灾后领导小组应立即向上级主管部门汇报本校情况，包括：地震灾害发生的时间、地点、单位；灾害的简要经过、伤亡人数、初步估计的直接经济损失；事故发生后采取的措施及事故控制情况；灾害报告单位和灾害报告人。

② 加强对重要设施设备、物品的救护和保护，加强校园值班值勤和巡逻，防止各类犯罪活动的发生。

③ 积极协助当地政府做好广大师生的思想宣传教育工作，消除恐慌心理，稳定人心，迅速恢复正常秩序，全力维护社会安全稳定。

(2) 调查与评估

领导小组办公室应向上级单位提交事故应急救援工作总结报告，并配合上级部门对地震的影响、责任、经验教训和恢复重建工作等进行调查评估，形成书面报告。

(3) 恢复重建

恢复重建工作由学校各职能处室按照各自职责负责实施。

2. 信息发布

地震的信息发布应当及时、准确、客观、全面。地震发生的第一时间要向全校发布简要信息，随后发布应对措施和防范措施等，并根据事件处置情况做好后续信息的发布工作。信息发布的平台主要有校园广播、校电视台、信息网络平台等。

五、保障措施

学校各相关部门要按照职责分工和相关预案做好破坏性地震的全面应对工作，同时根据地震应急预案做好各项基础保障工作，以保障应急救援工作需要、师生员工基本生活以及恢复重建工作的顺利进行。

1. 通信、交通保障

各级应急通信系统主要由广播、手机和固定联系方式构成，要保证应急救援系统各个机构之间、应急救援指挥者与应急人员之间、应急指挥机构与外部应急组织之间、应急指挥机构与上级主管部门之间有效的联系。各级应急救援机构和有关人员要保证通信器材、设备处于良好状态。

2. 应急队伍保障

应急响应时，应急领导小组根据应急事故情况统一调用；各单位应加强应急队伍建设，明确应急人员职责，做好日常培训和演练工作；应急队伍名单应作为应急预案附件上报应急领导小组办公室备案。

3. 应急物资装备保障

应急设备、设施、物资等由应急领导小组办公室配备，建立应急物资台账。应急物资的储备和管理应能满足应急救援工作的需要。应急物资台账应作为应急预案附件上报应急领导小组办公室备案，供应急响应时统一调用。

4. 医疗与卫生

在受伤人员未得到医疗机构救治前，医护人员和其他有关人员应对受伤人员采取应急抢救措施，如现场包扎、止血、人工呼吸，防止受伤人员流血过多造成死亡；要确保重度受害者优先得到外部救援机构的救护。

六、附则

(1) 地震信息的发布、传播，要根据各级政府部门的要求进行，任何单位和个人不能随便发布、传播。

(2) 破坏性地震中的奖惩事件，按国务院第 172 号文件执行。

(3) 本预案由××学校××办公室组织制订并负责解释。

(4) 本预案自发布之日起执行，××学校将根据实际情况的变化，及时修订本预案。

七、附件

(1) 组织机构名单;

(2) 组织应急救援人员的联系方式(表2.5);

(3) 平面布置图;

(4) 消防设施布置图;

(5) 外部救援单位及政府有关部门的联系方式(表2.6)。

表2.5 组织应急救援人员的联系方式

<table>
<tr><td colspan="5">应急救援指挥部</td></tr>
<tr><td>职务</td><td colspan="2">姓名</td><td>联系方式</td><td>备注</td></tr>
<tr><td>组长</td><td colspan="2"></td><td></td><td></td></tr>
<tr><td>副组长</td><td colspan="2"></td><td></td><td></td></tr>
<tr><td>领导小组办公室</td><td colspan="2"></td><td></td><td></td></tr>
<tr><td colspan="5">应急救援小组成员</td></tr>
<tr><td>组别</td><td>姓名</td><td>职务</td><td>联系方式</td><td>备注</td></tr>
<tr><td>应急疏散组</td><td></td><td></td><td></td><td></td></tr>
<tr><td>通信、交通保障组</td><td></td><td></td><td></td><td></td></tr>
<tr><td>抢险救灾组</td><td></td><td></td><td></td><td></td></tr>
<tr><td>安全保卫组</td><td></td><td></td><td></td><td></td></tr>
<tr><td>宣传教育组</td><td></td><td></td><td></td><td></td></tr>
</table>

表2.6 外部救援单位及政府有关部门的联系方式

部门	联系方式
应急管理局	
附近医院	
消防队	
交警队	

续表

部门	联系方式
派出所	
环保局	
供电所	

第三节 实验室停电事故应急预案

一般来说，大多数实验室在日常情况下都有很多设备和仪器在运行，计划停电可以提前做好应对的准备工作，但是突发停电后如果不采取及时的应对措施，不仅会损坏仪器设备，严重时，还可能会引发危化品的泄漏、火灾爆炸等安全事故。如果能够提前编制和执行实验室停电事故应急预案，遇到停电时就可以及时地采取正确的处理措施，减少安全隐患，有效地避免事故的发生。

以下为×××学校×××学院×××实验室停电事故应急预案。

一、总则

1. 编制目的

应对高校实验室停电（计划停电、事故停电）事故，高效、及时、有序地组织和恢复实验室供电，最大限度地确保人身安全和减少实验设备财产损失，促进突发状况下应急工作的科学化和规范化。

2. 编制依据

根据×××学院×××楼的实际情况，结合《中华人民共和国安全生产法》、《中华人民共和国电力法》和《国家突发公共事件总体应急预案》相关规定，特制定本预案。

3. 适用范围

(1) 计划性停电：包括供电局的例行电网检修、实验室进线和备用线切换等有计划停电（将通过学院内网发布公告的形式通知）。

(2) 因不可抗力原因（严重自然灾害等）、配电重要设施严重故障、电网突发性故障导致供电电网崩溃造成的全学院性停电。

(3) 小范围停电事故，包括跳闸、保险丝烧毁等引起小区域或某仪器停电。

二、应急机构组成及职责

1. 组织机构

实验室安全管理小组组长：×××(手机号码)

实验室安全管理小组组员：×××(手机号码)、×××(手机号码)

2. 各机构职责

组长：在供电恢复前，指挥并实施应急方案。

组员：负责在接到停电事故报告后，做好应急准备及应急处置。

三、预防及应急前准备

(1) 定期对实验室里的各种电器、线路等进行检查，避免因实验室自身原因引起的意外停电事故。

(2) 配置应急灯，保证各疏散通道都有应急灯。

(3) 配备好手电筒，以备急用。

(4) 为保护大型仪器设备不受停电的影响，必须定期对其进行检查并保证UPS(Uninterruptible Power Supply，不间断电源)系统正常工作。

(5) 利用安全课程、宣传栏、微信公众平台等方式，对学生进行停电应急有关知识的宣传教育，并定期根据应急预案进行演练。

四、计划停电应急处置

1. 信息报告

实验室安全小组在接到供电公司停电通知时，必须确定详细的停电计划，停多长时间及停电原因，做好记录，并通知各个实验室做好停电应急的准备。

2. 先期处置

各实验室接到停电通知后，做好停电、切电工作：

(1) 将贵重大型仪器设备的电源拔出，以防恢复供电时不稳定的电压对仪器造成的损坏。

(2) 在规定的时间内将无UPS的仪器、电脑及其他通电设备进行关机、断电，以免停电对其造成损坏。

(3) 准备好应急备用电源，以便保存关键试剂和样品的冰箱、冰柜等在停电期间能够正常工作。

3. 应急响应

计划停电后，实验室安全管理小组负责楼栋相关实验室的指挥处置工作。

4. 停电后应急措施

停电后，应密切关注 UPS、电脑和仪器的运行状态，保证检验正常进行。如为长时间停电，各专业组长应在 UPS 规定运行期间内停止运行，并执行关机程序、断电。

正常供电后，各实验室安全小组成员应对所有用电仪器设备进行检查并通电开机，如仪器设备运行正常，则无须采取措施；如出现异常情况或持续报警，应立即通知相关维修人员。

5. 应急结束

实验室安全管理小组确认各项处置工作已经顺利完结后，宣布应急结束。

五、突发事故性停电应急处置

突发事故性停电是指外供电线路发生事故造成的停电。这种停电可分为大面积停电无法恢复和瞬间闪断两种。

1. 信息报告

值班人员发现停电后要第一时间询问供电部门停电原因，及时通知实验室安全管理小组及相关值班岗位人员。同时，启用应急照明设备，向电工组汇报停电情况及可能引起停电的原因，并询问电工停电原因、可能的停电时长、是否有备用线路供电等。实验室安全管理小组应立即向上级部门领导致电，报告停电事故具体情况。

2. 应急响应

停电事故发生后，实验室安全管理小组负责楼栋相关实验室的指挥处置工作。

3. 停电后应急措施

(1) 当遇到突然停电或闪断停电时，首先应查明是高、低压开关跳闸还是市电停电。如果是开关跳闸，则查明原因，排除故障后恢复送电；如果是市电停电，则按事故性停电应急程序执行。

(2) 市电外供电线路发生事故造成停电时，值班人员发现停电后要第一时间询问供电部门停电原因，并及时通知各实验室安全组成员及相关值班岗位人员。查明原因后，要立刻确定应急处理预案并采取措施。

(3) 当出现严重停电事故且无法立刻恢复时,要立刻按计划停电应急预案处理进行备用电源转换投送。密切关注UPS、电脑和仪器的运行状态,根据维修的时长及UPS供电能力,可停止运行部分仪器和电脑,保证主要仪器的顺利运行。如维修时长不确定,各专业组长应在UPS规定运行期间内停止运行,并执行关机程序、断电。

(4) 瞬间闪断停电是由于故障较小没有形成跳闸造成的瞬间失压,这种停电情况按正常停、送电倒闸操作规程进行恢复送电。送电完毕后要通过联系方式查询造成闪断故障的原因,了解详细情况后在值班记录上进行记录交接。

(5) 如连续闪断超过两次,要停止送电,进行备用电源转换,其操作按计划停电应急预案处理,待供电部门查明原因处理完毕后再进行恢复。

(6) 正常供电后,各实验室安全组成员应对所有用电仪器设备进行检查并通电开机。如仪器设备运行正常,则无须采取措施;如出现异常情况或持续报警,则应立即通知相关维修人员。在停电原因未排除之前,禁止私自进行通电,以免发生触电事故。

4. 应急结束

实验室安全管理小组确认各项处置工作顺利完结后,宣布应急结束。

六、应急保障

1. 通信保障

停电发生前后,需要第一时间上报相关负责人和相关职能部门,做好记录,保证应急处理信息的畅通无阻。实验室相关人员及管理人员的手机应保证24小时通畅。

2. 应急队伍保障

应急响应时,实验室安全管理小组根据应急事故情况统一调用;各单位应加强应急队伍建设,明确应急人员职责,做好日常培训和演练工作。

3. 预案管理

要定期对应急预案进行评审,并根据重大事故的形势变化和实施情况及时发现问题,及时进行修订和完善。

七、附件

(1) 组织机构名单;

(2) 组织应急救援人员的联系方式(表2.7);

(3) 外部救援单位及政府有关部门的联系方式(表 2.8)。

表 2.7 组织应急救援人员的联系方式

实验室安全管理小组				
职务	姓名		联系方式	备注
组长				
副组长				
领导小组办公室				
实验室安全管理小组成员				
组别	姓名	职务	联系方式	备注
通信、交通保障组				
电工组				

表 2.8 外部救援单位及政府有关部门的联系方式

部门	联系方式
应急管理局	
供电所	
附近医院	
交警队	
派出所	
环保局	

第四节 实验室危险化学品事故应急预案

近年来，实验室安全事故频发。据统计，这些安全事故中，危险化学品引起的事故占实验室安全事故总数的80%左右，其中易燃固体、易燃液体、强氧化性物质、腐蚀性物质和有机过氧化物等危化品引起的事故占比超过50%。为了加强对危化品事故的有效控制，在危化品事故发生时，应迅速、有效地采取应对措施，以防止事故扩大及二次伤害，从而减轻事故造成的危害和损失。

以下为×××学校×××学院×××实验室危险化学品事故应急预案。

一、总则

1. 编制目标和依据

为提高危险化学品突发事故的预防与应急能力，控制、减轻和消除危险化学品事故的危害，保障广大师生生命、学校财产安全，确保学校教学、科研工作正常开展，依据《中华人民共和国安全生产法》(2014年中华人民共和国主席令第十三号)、《危险化学品安全管理条例》(中华人民共和国国务院令第591号)、《中华人民共和国环境保护法》(2014年中华人民共和国主席令第九号)、《危险化学品事故应急救援预案编制导则》(国家安监局安监管危化字[2004] 43号)、《教育部办公厅关于加强高校教学实验室安全工作的通知》(教高厅[2017] 2号)等法律法规和文件有关要求，结合×××学校×××学院实际情况，特制定本预案。

2. 适用范围

本预案适用于全院系范围内与危险化学品有关的突发事件。

3. 工作原则

(1) 以人为本，安全第一

危险化学品事故应急救援工作要始终把保障广大师生的生命安全放在第一位，切实加强应急救援人员的安全防护，最大限度地减少事故造成的人员伤亡、财产损失及对环境的危害，防止次生、衍生事故发生。

(2) 统一领导，分级管理

在学院的统一领导下，分级负责，各相关单位分别制订和启动应急预案，同级各部门之间分工负责，相互协作。

(3) 依据科学技术与方法,依法规范

采用先进的救援装备和技术,增强应急救援能力。严格按照相关法律法规要求,规范应急救援工作,确保预案的科学性、权威性和可操作性。

(4) 预防为主,应急处置与预防相结合

坚持应急与预防相结合,做好应对危险化学品事故的思想准备、预案准备、物资器材等准备。积极开展培训教育,组织应急演练,利用现有应急救援力量,做到常备不懈。

二、应急机构与职责

1. 学校机构及其职责

在学校突发事件应急管理工作领导小组的统一领导下,成立危险化学品事故应急处置领导小组。

组长:由×××担任,负责对学校危险化学品事故应急处置工作进行统一指挥。

副组长:由×××主要负责人担任,协助组长做好学校危险化学品事故应急处置工作。

学校成立危险化学品事故应急处置领导小组,设立办公室,具体组织和实施本单位危险化学品事故的应对工作。

学校危险化学品事故应急处置领导小组的主要职责:

(1) 贯彻落实相关法律法规,研究制订危险化学品事故的应对措施和指导意见。

(2) 具体指挥学校较大、重大危险化学品事故应急处理工作,做好一般事故的应急处置工作。

(3) 分析总结年度危险化学品事故应急工作。

(4) 做好应急救援队伍建设和管理及应急物资保障工作。

(5) 当事故超出学校处置能力时,依照程序请求政府部门支援。

2. 院系机构及其职责

组长:由×××担任,负责对学院危险化学品事故应急处置工作进行统一指挥。

副组长:由×××主要负责人担任,协助组长做好学院危险化学品事故应急处置工作。

学院成立危险化学品事故应急处置领导小组。

学院危险化学品事故应急处置领导小组的主要职责:

(1) 负责本单位危险化学品的购买、储存、使用、处置以及日常安全检查等工作。

(2) 开展危险化学品安全教育,组织安全技术培训,开展应急演练,配备防护设施，提高人员的安全意识和管理水平。

(3) 建立危险化学品管理台账，指定两名或两名以上人员负责日常管理，按照国家规定实施规范化储存，确保危险化学品的安全。

(4) 制订危险化学品使用操作规程，明确使用注意事项，并督促实验人员严格执行。

(5) 加强监管，定期检查，及时发现问题、隐患并整改。

(6) 制订本院系应急预案。发生事故时，及时采取有效措施，防止事故扩大，减小事故损失。

(7) 联系校内专家参与事故应急救援，提供技术处置意见和建议。

3. 应急组织职责

组长：姓名×××，联系方式×××；组织、协调、实施应急救援工作；建立应急管理体制和机制，制订应急预案；做好应急物资储备。

组员：姓名×××，联系方式×××；姓名×××，联系方式×××；负责危险化学品、废弃危险化学品突发事故的应急救援工作。

三、单位危险源

1. 危险目标确定

根据国家相关规定，结合危险化学品的危险源和安全隐患识别、排查、预警，按照不同分类分级制定应急处置预案内容的原则，确定危险目标。

2. 危险源种类

实验室所涉及的危险化学品种类较多，包括爆炸品、易燃液体、易燃固体(含自燃物品和遇湿易燃物品)、氧化剂和有机过氧化物、有毒化学品(含剧毒品)及腐蚀化学品等。这些危险化学品分布在各实验室及危险化学品仓库内，具有毒害、腐蚀、爆炸、易燃、助燃等性质。

3. 风险分析

危险化学品风险涉及购买、储存、运输、使用、废弃物处置等多个环节，可能引发的安全事故有火灾、爆炸、泄漏、中毒、窒息、灼伤、失窃等。该类事故蔓延迅速，危害性强，影响广泛，见表2.9。

表 2.9 学校危险化学品风险分析情况表

危险目标等级	1 级	2 级
地点	化学试剂库(学校)	涉及危险化学品储存和使用的实验室
区域性质	危险化学品储存区	储存区、存放区和使用区
触发因素	泄漏、静电、雷电、明火、违规操作	
事件类型	火灾、爆炸、中毒、灼伤、窒息、泄漏、失窃等	
危害情况说明	人员伤亡、财产损失、环境污染	

注:危险目标等级从高到低依次为:1 级、2 级。

四、预测与预警

1. 危险源监控

各类危险化学品涉及单位对重大危险源进行监控和风险分析,对可能引发危险的化学品事件的情况进行监控、预警和分析,切实做到"早发现、早报告、早处置"。实验室、保卫处加强安全监管和巡查工作。

2. 预警级别

按照事故严重程度,突发事件分为Ⅰ级、Ⅱ级和Ⅲ级三个级别。

Ⅰ级事件(重大事件):发生学院不可控制的危险化学品火灾、泄漏等情况;危险化学品事件导致人员死亡或 3 人及以上人员受伤。

Ⅱ级事件(较大事件):发生学院可以控制的危险化学品火灾、泄漏等情况;危险化学品事件导致 1～2 人受伤。

Ⅲ级事件(一般事件):仅限某一实验室少量的危险化学品泄漏或发生可由学院立即消灭的危险化学品火灾,且未造成人员伤亡。

3. 预警响应

(1) 当发生Ⅰ级事件时,事件发生单位第一时间拨打 119 和 120 联系方式请求救援,同时向学校安全领导小组报告。报告内容包括事故发生的时间、地点,涉及危险化学品的类别、名称和数量,涉及人员情况,已采取的控制措施等。同时,由学校领导小组确定启动应急预案,采取措施防止事态扩大。接到事件发生单位报告,安全领导小组第一时间向学校相关部门报告,同时立即成立应急处置临时指挥部,负责应急工作指挥、调度,及时、有效地对事件进行处置,全力控制事件的发展态势,防止次生、衍生事件发生。待相关部门赶往现场后，安全领导小组配合上级部门的救援工作，直至突发事件终止。

(2) 当发生Ⅱ级事件时，事件发生单位第一时间向安全领导小组报告，并立即启动应急预案，采取措施防止事态扩大。接到事件发生单位报告后，学校安全领导小组第一时间向学校相关部门报告，并立即成立应急处置现场指挥部，现场指导各部门开展应急处置，并按有关规定做好事件信息的报送工作。事故终止后，调查事故发生原因，并将书面报告上报至上级相关部门。

(3) 当发生Ⅲ级事件时，事件发生单位应立即启动应急预案，开展应急处置工作，根据事件情况进行现场处置并向领导小组报告。事件处置时，救援人员应注意自我防护。待事件控制后，及时对突发事件进行调查、评估、总结，并向学校安全领导小组上报事件总结报告。

五、应急处置与救援

1. 应急准备

(1) 应急人员

① 由院系应急机构负责应急人员的组织和培训。

② 事故现场的应急救援人员必须配备相应的防护装备，采取安全防护措施。应急救援人员出入事故现场应严格控制。

(2) 通信与信息保障

院系及学校保卫处设有24小时值班联系方式，突发事故应急处置成员须保持手机24小时畅通。

(3) 应急和救助的装备、物资准备

各使用、存放和处置危险化学品的实验室，应根据所涉及危险化学品的性质、反应特征和危害等因素，配备充足的应急救援装备、物资，用于突发事故的应急准备与处理。

2. 报告程序

(1) 事发单位在积极组织现场应急工作的同时，向本单位主管领导、安全负责人、保卫处(应急办)报告情况。保卫处立即通报领导小组，并立即安排人员封锁事故现场、了解情况，相关职能部门和单位主要人员应立即赶赴现场。

(2) 在Ⅰ级事件、Ⅱ级事件危险化学品事故确认后0.5小时内，由学校应急处置办公室负责向省级教育部门报告；保卫处向公安部门、安监部门和应急部门报告；如果造成人员伤害、环境污染，应由公共事务处报上级环保局和上级卫生局。

(3) 事故本身比较敏感或发生在特殊时期，或可能演化为超过重大事故级别的信息，不受分级标准限制，应立即向公安、应急、环保和卫生等政府部门报告，请求支援。

(4) 事故信息报告内容应包含事故发生的单位名称、时间、地点，涉及危险化学品的名称、类别和数量；事故发生的初步原因；事故概况和处理情况；人员伤亡及撤离情况(人数、程度)；事故对周边自然环境的影响情况，是否造成环境污染和破坏；报告人的单位、姓名和联系方式；续报相关情况等。

(5) 任何单位和个人不得迟报、漏报、谎报和瞒报危险化学品事故信息。

3. 应急处置基本任务

(1) 控制危险源

及时控制造成事故的危险源，防止事故继续扩散。

(2) 抢救伤者

及时、有序、有效地实施现场施救与安全转送伤者，以降低伤亡率，减少事故危害。

(3) 引导人员撤离

组织撤离时，指导人员应采取各种措施进行自身防护，并朝上风向迅速撤离出危险区。撤离过程中，应积极组织人员开展自救和互救工作。

(4) 做好现场处置，防止次生事故

对于事故现场外溢的有毒有害物质，应及时组织人员予以清除，以防止对人和环境继续造成危害。在此过程中，应注重应急救援人员的自身防护，以防发生二次伤害。个人防护装备应根据现场的具体危害情况进行配备。

4. 先期处置

事故发生单位迅速启动应急处置预案，组织本单位应急救援力量和工作人员搜救受害人员，疏散、撤离、安置受到威胁的人员；控制危险源，标明危险区域，封锁危险场所，并采取其他防止危害扩大的必要措施，防止发生次生、衍生事故，避免造成更大的人员损伤、财产损失和环境污染。

5. 现场应急处置

危险化学品事故的应急处置方案包括危险化学品丢失或被盗事件、危险化学品泄漏事件和危险化学品中毒事件应急方案，具体见表2.10。

(1) 应急处置方案

① 危险化学品丢失或被盗事件应急方案

当发生危险化学品丢失事故时，事故单位应保护好现场。相关学院、单位和实验室应根据本预案的事故报告程序，上报公安部门、安监部门和应急部门，并配合做好相关工作。

表 2.10 危险化学品丢失、泄漏、中毒事件应急方案(简化版)

	危险化学品丢失或被盗事件应急方案	危险化学品泄漏事件应急方案	危险化学品中毒事件应急方案
应急处理步骤	1. 搜查作案人员; 2. 确定事故发生的位置; 3. 确定化学品种类(易燃、易爆物质或有毒物质); 4. 确定丢失、被盗化学品数量; 5. 确定化学品被损坏程度; 6. 采取有效措施,保护、封锁现场; 7. 通过监控视频影像查找线索; 8. 校园内保持适度戒备,必要时报告政府有关部门,请求支援,协助公安部门处置。	1. 搜救受伤(中毒)及被困人员; 2. 确定泄漏源的位置; 3. 确定泄漏的化学品种类(易燃、易爆物质); 4. 确定泄漏所需的应急救援处置技术和专家; 5. 确定泄漏源的周围环境; 6. 确定有无泄漏物质进入大气、附近水源、下水道等; 7. 明确周围区域存在的危险源分布情况; 8. 确定泄漏时间和预计持续的时间; 9. 确定实际或估算的泄漏量; 10. 明确现场的气象信息; 11. 预测泄漏扩散趋势; 12. 明确泄漏可能导致的后果(泄漏是否能引发火灾、爆炸、中毒等); 13. 明确泄漏危及周围环境的可能性; 14. 确定泄漏可能导致后果的主要控制措施(堵漏、工程抢险、人员疏散、医疗救护等); 15. 确定需要使用的应急救援力量及设备器材。	1. 搜救受伤(中毒)及被困人员; 2. 确定毒物源的位置; 3. 明确引起中毒的物质类别(剧毒性、腐蚀性等); 4. 确定所需的中毒应急处置专家类别; 5. 明确中毒地点的周围环境; 6. 确定是否已有有毒物质进入大气、附近水源等场所; 7. 确定气象信息; 8. 确定中毒可能导致的后果及其主要控制措施(中和、解毒等措施); 9. 确定需要调动的应急救援力量(卫生部门等)及设备器材。

② 危险化学品泄漏事件应急方案

在化学品的储存和使用过程中,如出现盛装化学品的容器发生破裂、洒漏等事件,造成危险化学品外漏时,应采取简单、有效的措施消除或减少泄漏危险。

a. 疏散与隔离

一旦发生危险化学品泄漏，应首先疏散无关人员，隔离泄漏污染区，及时在事故中心区边界设置警戒线。如果是易燃易爆化学品大量泄漏，应立即切断事故区各种火源、设置警戒线，并及时拨打"119"报警，请求消防专业人员救援，同时要保护、控制好现场。如泄漏物有毒，应使用专用防护服、隔绝式防毒面具。根据事故情况和事故发展态势，确定撤离事故波及区人员。

b. 切断火源

切断火源对化学品的泄漏处理特别重要。如果泄漏物品是易燃品，必须立即消除泄漏污染区域的各种火源。

c. 个人防护

参加泄漏处理人员应对泄漏品的化学性质和反应特征有充分的了解，要于高处和上风处进行处理，严禁单独行动，要有监护人。必要时要用水枪（雾状水）掩护。要根据泄漏品的性质和毒物接触形式，选择适当的防护用品，防止事故处理过程中再次发生伤亡、中毒事故。

d. 泄漏源控制与处理

应急救援人员应尽可能通过关闭阀门、停止实验、堵漏、中和、吸附等方法控制危险化学品泄漏源。切忌直接接触泄漏物。

(a) 围堤堵截。围堤堵截是控制液体泄漏物最常用的方法。当液体危险化学品泄漏到地面上时，会四处蔓延扩散，导致难以收集处理，这就需要用堤堵截或者引流到其他安全地点；如泄漏物是易燃物，操作时要特别注意，避免发生火灾。

(b) 稀释与覆盖。可用消防用水向有害物蒸汽云喷射雾状水，加速气体向高空扩散。对于可燃物泄漏，可在现场施放大量水蒸气或氮气，破坏燃烧条件。对于液体泄漏，可用泡沫或其他覆盖物品覆盖外泄的物料，在其表面形成覆盖层，抑制其蒸发。对于气体泄漏，应开窗保持通风，稀释其浓度。

(c) 收集。当泄漏量小时，可用沙子、吸附材料、中和材料、吸收棉等吸收、中和；当泄漏量大时，可选择用隔膜泵将泄漏物抽入容器内。

(d) 废弃。将收集的泄漏物包装好，按照学校的相关规定，进行暂存、处置。用消防水冲洗残留的少量物料。

③ 危险化学品中毒事件应急方案

化学品急性中毒事件多由意外事件引起，其特点是病情发生急骤、病状严重、变化迅速，必须争分夺秒地对中毒人员进行及时抢救。

a. 个人防护最重要

当急性中毒发生时，毒物多数从呼吸道和皮肤侵入体内，因此救援人员在进入泄漏区域开展抢救工作之前，应该根据泄漏具体情况佩戴符合救援环境的防护用品和应急器具，如过滤式防毒面具、防毒防护服、防毒手套、防毒靴和气体检测仪等。

在救援过程中，一旦选择或使用的防护用品和应急器具出了差错，将可能对救援人员造成致命性伤害。因此，必须谨慎对待应急个人防护工作。

b. 切断毒源要趁早

救援人员进入事件现场后，除对中毒者进行抢救外，同时应果断采取关闭阀门、堵塞泄漏等措施以尽快切断毒源，防止毒物继续外溢。对于已扩散出来的有毒气体或蒸气，应立即启动通风设施抽排或开启门、窗等通风，降低有毒物质在空气中的含量，为抢救工作创造有利条件。

c. 转移伤者不容缓

将伤者尽快转移到空气流通的安全地带，解开其领扣，使其呼吸通畅；脱去其受污染的衣服，并彻底清洗其受污染的部位，注意保暖，阻止毒物继续侵入其体内。

d. 应急救援不可少

针对不同的中毒事件，应采取相应的措施进行应急救援。对于呼吸困难或停止者，应立即进行人工呼吸；对于心脏骤停者，应立即进行胸外心脏按压；对于眼部溅入毒物者，应立即用大量清水冲洗。

e. 解毒排毒按种类

若毒物无腐蚀性，要立即催吐，可用大量清水引吐，或用药物（0.02%～0.05%高锰酸钾溶液或5%药用炭溶液等）引吐。当发生氯化钡中毒时，可口服硫酸钠，使胃肠道尚未吸收的钡盐成为硫酸钡沉淀，防止被吸收。当发生氨、铬酸盐、汞盐、羧酸类、醛类、脂类中毒时，可通过喝牛奶、吃生鸡蛋等缓解。当发生烷烃、苯、石油醚中毒时，可喝一汤匙液状石蜡和含硫酸镁或硫酸钠的水。当发生一氧化碳中毒时，应立即吸入氧气，以缓解机体缺氧，并促进毒物排出。

f. 送医治疗最牢靠

经过初步急救后，应迅速将中毒者送往医院继续治疗。

④ 危险化学品火灾（爆炸）事件应急方案

危险化学品一旦起火，就会发展迅速而猛烈，甚至有时会发生爆炸，危险性和破坏性很大且不易扑救。在保证扑救人员安全的前提下，要遵循“先控制、后消灭，先救人、后救火”的原则。应急处理步骤具体见表2.11。

表 2.11　危险化学品火灾(爆炸)事件应急方案(简化版)

	危险化学品火灾事件应急方案	危险化学品爆炸事件应急方案
应急处理步骤	1. 搜救受伤及被困人员； 2. 确定火灾的位置； 3. 确定引起火灾化学品的种类； 4. 确定所需的灭火应急处置技术和专家； 5. 明确周围区域存在的危险源分布情况； 6. 预测火灾扩散趋势； 7. 明确火灾危及周围环境的可能性； 8. 确定火灾可能导致后果的主要控制措施(毒害气体防护、设备抢险、人员疏散、医疗救护等)； 9. 确定需要使用的应急救援力量及装备器材。	1. 搜救受伤及被困人员； 2. 确定爆炸地点； 3. 确定爆炸类型(物理爆炸、化学爆炸)； 4. 确定引起爆炸的物质类别(气体、液体、固体)； 5. 确定所需的爆炸应急救援处置技术和专家； 6. 明确爆炸地点危险化学品的存留情况及周围环境； 7. 明确周围区域存在的危险源分布情况； 8. 确定爆炸可能导致的后果(如火灾、二次爆炸等)； 9. 确定爆炸可能导致后果的主要控制措施(再次爆炸控制手段、人员疏散、医疗救护等)； 10. 确定需要使用的应急救援力量及装备器材。

a. 易燃液体火灾

应先切断火势蔓延的途径，控制燃烧范围，并积极疏散被困人员和抢救受伤人员。常见的易燃液体有各种油品、有机溶剂等。易燃液体火灾的灭火方法主要取决于其比重和能否溶于水。一般来说，非溶性易燃液体燃烧可用普通泡沫、干粉或雾状水扑救，如石油、汽油、煤油、苯、柴油、石油醚、乙醚等比水轻且又不溶于水或微溶于水的烃基化合物。可溶性易燃液体应选用抗溶性泡沫、干粉等灭火剂，如甲醇、乙醇等醇类，乙酸戊酯、乙酸乙酯等酯类，丙酮、丁酮等酮类。

b. 易燃气体火灾

易燃气体的主要危险性是易燃易爆性。所有处于燃烧浓度范围内的易燃气体在遇到火源时都可能发生火灾和爆炸，因此，不可盲目灭火。

首先，应扑灭泄漏处附近已经被引燃的可燃物上的火，控制火灾危害的范围。不可随意扑灭泄漏处的火，以防堵漏失败后大量可燃气体继续泄漏，与空气形成爆炸性混合气体，遇火源发生二次爆炸。气体泄漏着火后，应先将阀门关小，控制气体流量，降低气体泄漏压力后再进行灭火，如突然将阀门或管道关停，可能会产生回火而引起爆炸。如泄漏口不大，可以在短时间内快速予以封堵，则可用水、干粉、二氧化碳等先行灭火，然后组织人员迅速实施堵漏。如果有爆炸预兆，则果断将人员撤离。

c. 易燃固体火灾

易燃固体燃点较低，受热、冲击、摩擦或与氧化剂接触都可能引起急剧及连续的燃烧或爆炸。易燃固体发生火灾时，一般都能用水、沙土、泡沫、二氧化碳、干粉等灭火剂扑救。但是，铝粉、镁粉等着火时，不可使用水、二氧化碳、卤代烷及泡沫等灭火剂进行扑救，多用干沙土或D型灭火器灭火。

另外，粉状固体着火时，不能用灭火剂直接强烈冲击灭火，以避免粉尘被冲散，在空气中形成爆炸性混合物，继而引发爆炸。磷的化合物、硝基化合物和硫黄等易燃固体着火燃烧时会产生有毒和刺激性气体，应急救援人员在扑救时要加强个人防护，且要站在上风向，以防中毒。

d. 遇湿易燃物品火灾

遇湿易燃物品能与水发生化学反应，产生可燃气体和热量。即使没有明火，遇湿易燃物品也可能自动着火或爆炸，如金属钾、钠和三乙基铝（液态）等。遇湿易燃物品禁止用水、泡沫、酸碱灭火器等湿性灭火剂扑救，应用干粉、二氧化碳等扑救。固体遇湿易燃物品应用干沙、蛭石等覆盖。

e. 毒害品和腐蚀品火灾

毒害品通常是通过口服、皮肤接触或吸入有毒蒸气而引起中毒。腐蚀品主要通过皮肤接触导致化学灼伤。一般情况下，应急救援人员在扑救时必须采取全身防护，应尽量使用低压水流或雾状水，以防毒害品溅出，扩大危害外溢范围。

对于遇酸类或碱类腐蚀品，应使用中和剂稀释中和。浓硫酸遇水能释放出大量的热，会导致腐蚀物飞溅，需特别注意个人安全防护。对于少量浓硫酸，可用大量低压水快速扑救；对于大量浓硫酸，可先用二氧化碳、干粉等灭火，再把着火物品与浓硫酸分开。

f. 爆炸物品

迅速判断并快速查清再次发生爆炸的可能性和危险性，在保障救援人员人身安全的前提下，利用爆炸后和再次发生爆炸之前的时机，采取一切有效措施，尽可能地阻止再次爆炸的发生。当救援人员发现即将发生再次爆炸的危险时，应迅速撤离至安全区域。如果来不及撤离，应就地卧倒。扑灭火灾后，需继续派人监视现场，消灭余火。

火灾事故发生单位应当及时保护现场，接受事故调查，协助公安消防监督部门和上级安全管理部门（或危险化学品监督管理部门）调查火灾事故发生的原因，核定火灾损失，查明火灾责任，未经相关部门的同意，不得擅自清理火灾现场。

6. 应急人员的安全防护

(1) 应急人员的安全防护

现场应急救援人员及有关人员应按照规定的要求佩戴相应的防护装备，采取安全防护措施，严格执行应急救援人员进入和离开事故现场的相关规定。

(2) 现场人员安全防护

根据实际情况,制订切实可行的疏散程序(包括指挥机构、疏散组织、疏散范围、疏散路线、疏散人员的安置等)。组织师生撤离危险区域时,应选择安全的撤离路线,避免横穿危险区域。进入安全区域后,应尽快脱掉受污染的衣物,防止继发性伤害。根据不同的化学品安全事故的具体特点以及应急人员的职责,采取不同的防护措施:应急救援指挥人员、医务人员和其他不进入污染区域的应急人员一般配备过滤式防毒面罩、防护服、防毒手套、防毒靴等;消防和抢险人员等进入污染区域时应配备密闭型防毒面具、防酸碱型防护服、空气呼吸器、防化靴等;同时,应做好现场毒物的洗消工作(包括人员、设备、设施和场所等)。

7. 在不同危险化学品事故区域应采取的具体应对措施

(1) 事故中心区域

事故中心区域的救援人员需要做好全身防护,并佩戴隔绝式防毒面具。救援工作包括封闭现场、切断事故源、抢救伤员、保护和转移其他危险化学品、清除渗漏毒物、洗消等。非抢险人员撤离到安全区域后应清点人数,并进行登记。在事故中心区域边界应设有显著的警戒标志。

(2) 事故波及区域

该区域的救援工作主要是指导防护、监测污染情况、控制交通、组织排除滞留的危险化学品气体。应根据事故实际情况组织人员疏散转移。

(3) 受影响区域

该区域救援工作包括:及时指导群众进行防护,对群众进行有关知识的宣传,稳定群众的思想情绪,做基本的应急准备。

8. 信息发布和舆情监测

危险化学品事故发生后,单位党委宣传部负责向相关媒体提供相关信息。加强舆情监测,关注网络舆情信息、自媒体等的信息安全,实施正面引导。

9. 响应升级

如果危险化学品事故的事态进一步扩大,预计依靠学校现有应急资源和人力难以实施有效处置时,应报请上级教育部门和公安、应急、环保、卫生等政府部门协助处置。

10. 应急结束

当事故现场得到有效控制,次生、衍生事故隐患消除后,经过应急救援组长确认或在公安、应急、环保、卫生等相关部门许可下,可宣布应急状态终止。

在一般、较大危险化学品事故应急处置完成后,由应急办确定应急响应结束。

在重大危险化学品事故应急结束后,学校危险化学品事故应急处置领导小组长宣布应急响应结束。

六、应急保障

1. 应急资金保障

学院提供安全管理专项经费，包含安全管理工作经费、安全培训会议经费、事故发生后的救护等处理费用、应急物资设备购置和维修费用等。做好经费保障，配备应急救援装备、物资（如急救箱、防毒面罩、防护服、防毒手套、防毒靴、防护服和空气呼吸器等）并定期检查维护，保证应急时可用。

2. 应急通信保障

安全应急小组成员、实验室安全负责人、实验室主任、实验室工作人员的手机应保持24小时畅通。如果需要更新联系方式，应及时向安全领导小组报备。应急处置过程中应配备无线对讲机用于联络。

3. 人员培训工作

各危险化学品涉及单位负责配备本单位应急救援人员，并组织培训、演练，提升应急能力。

4. 应急技术保障

校内各使用、存放、运输危险化学品的单位，应根据所涉及危险化学品的性质、危害等因素做好技术保障，建立图像监控系统、自动化报警系统，实现对重要场所、重点部位、关键设备设施的动态化和信息化监管，全面提升监控、预警和应急处置能力。

建立危险化学品安全管理信息系统，及时汇总危险化学品基础数据和安全隐患台账信息，分析识别危险源和危险要素，为危险化学品事故应急救援提供准确的信息。

七、后期处置与调查评估

1. 后期处置

应急状态终止后，根据事故实际情况及造成的后果，相关部门和学院制订善后处理措施，组织实施损失评估核定、秩序恢复、环境整治、事件调查评估等各项工作。

善后处理工作主要包括：事件中伤亡人员的抚恤、补偿、补助和相应的心理干预及司法援助，紧急调拨物资的处理和补偿，环境污染清理，有关教学、科研、生活等设施的恢复重建，有关院系或教研室和个人向保险机构的理赔等。

2. 调查评估

（1）在一般危险化学品事故处置工作结束后，学院应于3天内撰写出应对事故的工作总结报告，并上报应急办。报告内容应包括事故发生的时间、地点，采取的措施和处置的结果。

(2) 在较大、重大危险化学品事故处置工作结束后，应急办应组织进行调查评估，学校相关单位积极配合评估报告的撰写。

(3) 较大以上事故调查评估报告的内容应包括事故原因及背景分析、处置过程规范性及效率分析、处置效果分析、责任分析等内容，此报告应在事故处置结束后5天内完成。

3. 追究责任

(1) 参加执行本预案的有关人员必须认真履行职责，严格服从命令、听从指挥、坚守岗位。

(2) 突发危险化学品事件处置实行问责制，对迟报、谎报、瞒报和漏报突发危险化学品事件重要情况，或在处置突发危险化学品事件中有其他失职、渎职行为的，根据其性质和造成后果的严重程度，依法依规给予处理，构成犯罪的应移送司法机关依法追究其刑事责任。

八、宣传、培训和演练

1. 宣传

积极开展危险化学品事故应急救援有关法律法规以及危险化学品事故预防、疏散、自救、互救和应急处理等基本常识的宣传教育活动。

2. 培训

定期组织应急抢险救援队伍参加危险化学品安全知识、安全技能、应急救援的培训，进行常态化考核。强化实验室准入制度，未经培训、考核不过关的人员不可参与实验室相关工作。

3. 演练

根据预案定期组织应急演练。应急演练包括规划与计划、准备、实施、评估总结和改进完善五个阶段。通过应急演练，落实岗位责任制，熟悉应急工作的指挥机制，决策、协调和处理程序，评价应急准备状态，检验预案的可行性，进一步修订和完善应急预案。

九、附则

1. 本预案由×××处负责解释。本预案未尽事项，按国家有关法律法规执行。

2. 本预案自发布之日起施行。

十、附件

(1) 应急指挥机构人员(表2.12);

表2.12 应急指挥机构人员

组别	职务	姓名	联系方式
学校领导小组	组长		
	副组长		
	组员		
学院安全小组	组长		
	副组长		
	组员		

(2) 应急通信联络表(表2.13)。

表2.13 应急通信联络表

序号	部门	联系方式	联系人	备注
1	公安局	110		
2	急救中心	120		
3	火警	119		
4	实验室值班人员			

第五节　实验室生物安全事故专项应急预案

实验室生物安全事故主要有以下三种：实验中因感染病原微生物导致的人员感染；有毒药品在使用或处置不当时可能引发对人体的伤害；辐射源和仪器的使用不当时引起的事故伤害。针对以上的问题，须制订和执行生物安全事故应急预案，从而全面提升人员的应急能力，保障人员的人身安全。

以下为×××学校×××学院×××实验室生物安全事故应急预案。

一、总则

1. 编制目的

提高我校实验室生物安全事故处置能力，最大限度地预防和减少实验室生物安全事故及其造成的危害。

2. 编制依据

根据《中华人民共和国传染病防治法》《中华人民共和国突发事件应对法》《突发公共卫生事件应急条例》《国家突发公共卫生应急预案》《病原微生物实验室生物安全管理条例》《实验室生物安全手册（第4版）》《实验室生物安全通用要求》等文件精神，结合我校实际情况，制定本预案。

3. 适用范围

实验室生物安全事件是指病原微生物感染性材料在实验室操作、运送、储存等活动中，因违反操作规程或因自然灾害、意外事故、意外丢失等造成的人员感染或暴露、感染性材料向实验室外扩散的事件。

4. 工作原则

以人为本，预防为主；统一指挥，分级管理；各负其责，协同作战；反应迅速，措施果断；降低影响，减少损失。

二、组织机构

1. 学校成立生物安全事件应急处置领导小组

组长：分管校领导。

副组长：学校办公室、实验室建设与设备管理处、保卫处、相关学院主要负责人。

成员：学校办公室、宣传部、人力资源部、学生处、研究生院、实验室建设与设备管理处、公共事务管理处、保卫处、工会、医院、后勤集团等部门的负责人及相关学院分管院领导。

2．相关学院成立相应的生物安全事件应急处置工作小组

组长：院长、书记。

常务副组长：分管实验工作的副院长、分管安全工作的副院长。

副组长：学院领导班子其他成员。

成员：实验室主任、办公室主任等。

3．主要职责

(1) 学校生物安全事件应急处置领导小组主要职责

① 负责制订实验室生物安全应急事件处置预案和人员培训、应急演练、检查督导方案。

② 在突发应急事件时，负责启动实验室生物安全应急事件预案并指挥、协调应急事件的处置。

(2) 学院生物安全事件应急处置工作小组主要职责

① 每学期至少召开1次工作小组全体成员会议，安排落实各项工作，定期检查监督各实验室生物安全，发现安全问题并及时整改。

② 在突发事件发生时，在领导小组的指挥下实施全面的应急工作。

三、生物安全事件分级

实验室生物安全事件按照其性质、严重程度、可控性和影响范围等因素，一般划分为三级：Ⅰ级(重大)、Ⅱ级(较大)和Ⅲ级(一般)。

1．重大实验室生物安全事件(Ⅰ级)

(1) 实验室工作人员被确诊为所从事的一类病原微生物感染(按照国家卫生健康委员会《人间传染的病原微生物名录》分类，下同)，或出现有关临床症状和体征，临床诊断为所从事的一类病原微生物疑似感染。

(2) 实验室工作人员被确诊为所从事的二类病原微生物感染，或出现有关症状、体征，临床诊断为所从事的二类病原微生物疑似感染，并造成传播或有进一步扩散的可能。

(3) 实验室保存的一类、二类病原微生物菌(毒)种或样本丢失。

(4) 上级卫生管理部门认定的其他重大实验室生物安全事件。

2. 较大实验室生物安全事件(Ⅱ级)

(1) 实验室工作人员被确诊为所从事的二类病原微生物感染,或出现有关的症状、体征,临床诊断为所从事的二类病原微生物疑似感染。

(2) 实验室发生一类、二类病原微生物菌(毒)种或样本泄漏,并有可能进一步扩散或造成其他人员感染。

(3) 上级卫生管理部门认定的其他较重大的实验室生物安全事件。

3. 一般实验室生物安全事件(Ⅲ级)

(1) 实验室工作人员被确诊为所从事的三类、四类病原微生物感染,或出现有关症状、体征,临床诊断为所从事的三类、四类病原微生物疑似感染,并造成传播或有进一步扩散的可能。

(2) 实验室发生第三类、第四类病原微生物菌(毒)种或样本意外丢失,并有可能进一步向外扩散或造成其他人员感染。

(3) 上级卫生管理部门认定的其他一般实验室生物安全事件。

四、运行机制

1. 预防

(1) 严格贯彻落实国家《病原微生物实验室生物安全管理条例》,抓紧做好病原微生物实验室备案登记工作;凡是开展高致病性病原微生物相关实验活动的实验室,必须及时向省卫生厅备案,并接受公安机关有关实验室安全保卫工作的监督和指导。

(2) 各病原微生物实验室要加强实验室标准化、规范化建设,对实验室人员配备、设备配置和安全行为等务必按照《实验室生物安全通用要求》严格执行。

(3) 对病原微生物实验室的菌(毒)种保藏要制订严格的生物安全保管制度,做好病原微生物菌(毒)种、样本出入库和储存信息的详细记录,建立档案制度,并由专人负责。对于高致病性病原微生物菌(毒)种和样本,要设专库或者专柜单独储存。

(4) 加强实验室生物安全规范化操作管理。增强师生安全意识,把生物安全管理责任和措施落到实处,消除安全隐患。

(5) 高致病微生物和危险化学品严格按照规章制度登记使用,以防病原微生物和危险化学品用于生物化学恐怖攻击,对公众健康产生严重损害,影响社会稳定。

(6) 建立实验室工作人员健康档案,定期体检。如果发现与实验室生物安全有关的人员感染或伤害,应立即报告。

(7) 做好实验室应急物资和应急处理设施的储备,配置个人防护装备、消毒药品和医疗救援药品，定点存放、专人定期维护和保养。

(8) 加强对实验操作人员的生物安全技术培训和演练。

2. 预警

(1) 建立有效的预警机制，为各种病原微生物和危险化学品建档。在每次使用后及时登记详细情况，如发现丢失或被盗，应立即报告。

(2) 各实验室要针对各种可能发生的实验室生物安全事件，制订应急工作方案，开展风险分析。根据风险分析结果，对可能发生和可以预警的实验室生物安全事件进行预警，做到早发现、早报告、早处置。

(3) 预警信息包括实验室生物安全事件的类别、预警级别、起始时间、可能影响的范围、警示事项、应采取的措施等。

3. 信息报告

(1) 实验室内高致病性病原微生物菌(毒)种或者样本在运输、储存中被盗抢、丢失、泄漏时，应及时向学院领导小组和学校领导小组报告。

(2) 实验室工作人员出现与本实验室从事的高致病性病原微生物相关实验活动有关的感染临床症状或者体征时，实验室负责人应当向学院领导小组和学校领导小组报告。

(3) 实验室发生高致病性病原微生物泄漏时，实验室工作人员要立即采取控制措施，防止高致病性病原微生物扩散，并同时向学院领导小组和学校领导小组报告。

(4) 各实验室均有责任报告实验室生物安全事件。

五、应急控制措施

1. 重大及较大实验室生物安全事件应急控制措施

在出现重大及较大实验室生物安全事件(Ⅰ级、Ⅱ级)时，应根据职责和规定的权限启动相关应急预案，及时、有效地进行处置，控制事态。在发生重大实验室生物安全事件时，学校领导小组应负责现场及一切处置工作的指挥、调度。

(1) 应急处置流程

① 立即关闭发生事件的实验室；根据事件危害情况，可报请上级部门采取必要的停工、停课和人员疏散措施。

② 对周围环境进行隔离、封控，并组织专业消毒人员对现场进行消毒。

③ 核实并提供在相应潜伏期内进入实验室的人员及密切接触人员名单。

④ 配合学校领导小组做好感染者救治及现场调查和处置工作，在可能波及的范围内开展传染源、传播途径及暴露因素的调查；提供实验室布局、设施、设备、实验人

员等情况。

⑤ 配合上级主管部门做好应急处置工作，例如对受污染区域实施有效消毒；妥善治疗、安置生物安全事件造成的感染者；按照最长的潜伏期时间，监控是否出现新的病例；确保丢失的病原微生物菌（毒）种或样本得到控制。

⑥ 经专家组评估确认后，结束应急处置工作。

2. 一般实验室生物安全事件应急控制措施

① 就地隔离被感染人员，并尽快将其送往定点医院。

② 立即关闭发生事件的实验室，根据事件发生的规模、危害程度以及可能波及的范围隔离、封闭相关的实验室和实验区。

③ 对在事件发生时间段内进入实验室的人员进行医学观察，必要时对其进行隔离。

④ 配合学校领导小组做好感染者救治及现场调查和处置工作：被感染人员得到有效治疗；受污染区域等所有场所、物品得到有效消毒；在最长的潜伏期内未出现感染者。

⑤ 经专家组评估确认后，可宣布应急处置工作结束。

六、应急救援处理措施

1. 病原微生物污染应急处置措施

(1) 实验室如发生一般病原微生物泼溅或泄漏事故，按生物安全的有关要求，根据病原微生物的抵抗力选择敏感的消毒液进行消毒处理。

① 当菌（毒）外溢在台面、地面和其他表面时，处理人员应戴手套，穿防护服，必要时需进行脸部和眼睛防护；用吸附棉、吸附枕覆盖并吸收溢出物；向吸附棉上倾倒适当的消毒剂，并立即覆盖周围区域。通常可以使用5%漂白剂溶液（次氯酸钠溶液）；使用消毒剂时，从溢出区域的外围开始，向中心进行处理，再将所处理物质清理掉。如溢出物中含有碎玻璃或其他锐器，则要使用捏钳、簸箕等工具来收集处理过的物品，并将它们置于可防刺透的容器中以待处理；对溢出区域再次清洁并消毒；将污染材料置于防漏、防穿透的废弃物处理容器中。

② 当菌（毒）外溢在实验室工作人员的衣服、鞋帽上时，应立即进行局部消毒、更换。应立即对污染的防护服用75%的酒精、碘伏、0.2%～0.5%的过氧乙酸、500～10000 mg/L有效氯消毒液浸泡后，再进行高压灭菌处理。

③ 当病原微生物泼溅在皮肤上时，应立即用75%的酒精或碘伏进行消毒，然后用清水冲洗。若皮肤被刺破（极大危险情况），应立即停止工作，对伤口进行挤血，用水冲洗消毒。可视情况进行隔离观察，其间根据条件进行适当的预防治疗；如病原

微生物泼溅入眼内，应立即用生理盐水或洗眼液冲洗，再用清水冲洗。

(2) 如实验人员意外吸入、意外损伤或接触暴露病原微生物，应立即对其进行紧急处理，并及时报告实验室突发生物安全领导小组。如工作人员在操作过程中被污染的注射器针刺伤、金属锐器损伤，或在解剖受感染动物时操作不慎被锐器损伤或被动物咬伤、被昆虫叮咬等，应立即实行急救。首先用肥皂和清水冲洗伤口，然后挤出伤口的血液，再用消毒液(75%酒精、2000 mg/L 次氯酸钠、0.2%～0.5%过氧乙酸或0.5%的碘伏)浸泡或涂抹消毒，并包扎伤口(厌氧微生物感染不包扎伤口)，必要时服用预防药物。如果发生 HIV 职业暴露时，应在一到两个小时内服用 HIV 抗病毒药物。

2. 化学性污染应急处置措施

① 当实验室发生有毒、有害物质泼溅在工作人员皮肤或衣物上时，应立即用清水冲洗，再根据泄漏物的性质采取相应的有效处理措施。

② 当实验室发生有毒、有害物质泼溅或泄漏在工作台面或地面时，应先用抹布或拖布擦拭，然后用清水冲洗或使用中和试剂进行中和后用清水冲洗。

③ 当实验室发生有毒气体泄漏时，应立即启动排气装置将有毒气体排出，同时开门窗使新鲜空气进入实验室。如果发生因吸入毒气而造成的中毒事件，应立即抢救，将中毒者移至空气良好处使之能呼吸新鲜空气。

④ 对于经口中毒者，应立即刺激催吐，反复洗胃。洗胃时，要注意坚持吸附、微酸和微碱中和、水溶性和脂溶性以及保护胃黏膜的原则。

七、应急处置终止

当实验室生物安全突发事件同时符合以下条件时，应急处置工作结束，现场应急指挥机构予以终止响应：

(1) 受污染区域得到有效消毒；

(2) 生物安全事件造成的感染者已妥善接受治疗、安置；

(3) 在最长的潜伏期内未出现新的病人；

(4) 明确丢失病原微生物菌(毒)种或样本得到控制；

(5) 经生物安全专家组评估确认。

八、善后处置与评估

1. 善后处置

应急状态终止后，要积极稳妥、深入细致地做好善后处置工作，组织实施损失评估核定、秩序恢复、环境整治、事件调查评估等各项工作。

善后处理工作主要包括：事件中伤亡人员的抚恤、补偿、补助和相应的心理干预及司法援助，紧急调拨物资的处理和补偿，环境污染清理，有关教学、科研、生活等设施的恢复重建等。

2. 评估

根据生物安全事件报告的具体情况，确定评估主体；学校领导小组和学院领导小组联合生物安全专家进行事件性质、影响、责任、经验教训和恢复重建等问题评估。

(1) 生物安全事件原因调查

对生物安全事件发生的具体原因、应急处理情况、接触人员的感染情况、引起疾病流行的可能性等进行调查。

(2) 标本、样品采集和检验

对污染的物品、区域、接触人员和疑似感染的生物进行采样和检测，以评估确定事件的性质和危害。

(3) 生物安全事件危害范围评估

根据引发生物安全事件的病原微生物具体种类、接触人员和泄漏范围评估确定生物安全事件的危害范围。

九、信息发布

实验室生物安全事件的信息发布应当及时、准确、客观、全面。必要时，在事件发生第一时间向社会发布简要信息，随后发布初步核实情况、应对措施和公众防范措施等信息，并根据事件处置情况做好后续的发布工作。事件信息发布流程按照上级有关规定执行。

十、应急保障

1. 安全应急队伍建设

学校(院系)应建立实验室生物安全应急处置队伍。明确职责、责任到人、措施到位，保持通信畅通。应加强对本单位实验室工作人员的生物安全培训，使其了解生物安全事件发生的报告程序和应急处置原则。

2. 物资、装备保障

(1) 根据实战需要，储备必要的现场防护、洗消和应急救援物资。

(2) 做好医疗救治人员、设备和应急药品、疫苗的准备工作。

(3) 配齐必要的监控设备以及现场处置时所需的勘查取证、检验、鉴定和监测设备。

(4) 实验室应储备足够的与风险水平相应的个体防护用品(如手套、防护服、实验用鞋、口罩、帽子和面部防护用品等),并配备其他安全设备(如生物安全柜、高压灭菌器、防护面屏、一次性接种环或接种环加热器、螺口盖瓶子或管子、微生物样本及废弃物的运送容器和运输工具等)。

3. 人员培训和宣传工作

实验室设立单位均应对所有实验室工作人员进行安全防范和应急事件处置培训,使其熟悉应急程序,掌握应急处置技术,并做到每年进行应急演练。要定期进行宣传教育并结合单位实际情况、特殊要求开展学习,强化安全意识,增强安全责任。

4. 资金投入和科技支撑保障

要确保实验室生物安全应急工作所需的各项资金落实到位,支持实验室生物安全研究。对实验室生物安全事件应急保障资金的使用和效果进行监管和评估。积极开展实验室生物安全科学研究,加大实验室生物安全监测、预测、预警、预防和应急处置技术研发的投入。

十一、监督管理

1. 预案演练

要结合实际,制订实验室生物安全实施方案,并有计划地组织对实施方案进行演练。

2. 责任与奖惩

实验室生物安全事件应急处置工作实行责任追究制。对迟报、谎报、瞒报和漏报实验室生物安全事件重要情况或者应急管理工作中有其他失职、渎职行为的,依法对有关责任人给予行政处分;构成犯罪的,依法追究刑事责任。对实验室生物安全事件应急管理工作中做出突出贡献的先进单位和个人要给予表彰和奖励。

十二、附则

本预案自发布之日起实施。

本预案由×××学校×××学院组织落实,实施过程中如有与国家、省、市应急救援预案相抵触之处,以国家、省、市应急救援预案的条款为准。全体实验室工作人员必须严格按照本预案的规定实施。

十三、附件

（1）应急指挥机构人员（表2.14）；

表2.14 应急指挥机构人员

<table>
<tr><th>组别</th><th>职务</th><th>姓名</th><th>联系方式</th></tr>
<tr><td rowspan="6">学校领导小组</td><td>组长</td><td></td><td></td></tr>
<tr><td rowspan="3">副组长</td><td></td><td></td></tr>
<tr><td></td><td></td></tr>
<tr><td></td><td></td></tr>
<tr><td rowspan="2">组员</td><td></td><td></td></tr>
<tr><td></td><td></td></tr>
<tr><td rowspan="6">学院领导小组</td><td>组长</td><td></td><td></td></tr>
<tr><td rowspan="3">副组长</td><td></td><td></td></tr>
<tr><td></td><td></td></tr>
<tr><td></td><td></td></tr>
<tr><td rowspan="2">组员</td><td></td><td></td></tr>
<tr><td></td><td></td></tr>
</table>

（2）应急通信联络表（表2.15）。

表2.15 应急通信联络表

序号	部门	联系方式	联系人	备注
1	公安局	110		
2	急救中心	120		
3	火警	119		
4	实验室值班人员			

第三章

实验室安全应急演练

制订预案是为了在处理事故应急的各个环节时有章可循，对突发事件能做出迅速响应、有效控制和处置，抑制事件的蔓延和扩大，最大限度地减少突发事件造成的损失。应急预案是应急救援的理论支撑，为应急救援行动的顺利开展提供了根本保障。

对应急预案进行的实战性演练，是验证应急预案的适用性、有效性的直接手段。突发事故一般发展迅速，应急救援就是要与时间赛跑，做到正确且迅速地执行应急预案。这就要求指挥人员和应急救援人员对应急职责和应急行动程序熟稔于心，在发生突发事件时做到指挥得当、行动果敢、应对灵活，保障应急救援行动的高效性，最终达到保护人民群众生命财产安全的目标。

第一节　应急演练的概念与意义

一、应急演练的概念

应急演练是应急指挥体系中各个组成部门、单位、相关应急人员针对特定突发事件假设的情景，按照应急预案中的职责和任务，执行应急响应任务的训练活动。简言之，应急演练是一种模拟突发事件发生的救援演习。实践证明，应急演练能在突发事件发生时有效地减少人员伤亡和财产损失。

二、应急演练的目的和意义

1. 提高风险意识

开展应急演练，通过模拟真实事件及应急处置过程能使每一位参与演练的人员更加直观地感受到突发事件的过程及危害性，提高对突发事件的警惕性，提升其安全风险意识。

2. 提高应急防范意识

人们通过应急演练可培养应急防范意识，做到“处变不惊、遇事不慌”。这种意识在经历多次演练强化后，会逐步转变为潜意识，即当突发事件发生时，如何能把自己的损失降到最低，如何缩小灾害范围，如何控制衍生灾害，如何在最短的时间内有效地开展救援工作。应急防范意识的形成，可以促使人们由被动接受转向主动学习，掌握更多的应急知识和处置技能，提高应急救援能力，保障师生生命财产安全。

3. 检验预案的可行性

通过开展应急演练，可及时发现并修改应急预案、执行程序等相关工作的缺陷，提高现行或待施行应急预案的针对性、实用性、适用性和可操作性。

4. 完善应急准备

检查应对突发事件所需的应急队伍、物资、装备等方面的准备情况，发现不足及时补充；完善应急管理制度，改进应急处置技术，提高应急能力。

5. 促进各组织间协调

进一步明确应急管理部门、相关单位和人员的工作职责，完善应急行动程序，这样有利于加强各组织、单位和人员间的有效沟通，提高整体协调配合能力和协同反应水平。

6. 检验应急培训效果

检验应急响应人员对应急预案、执行程序的了解程度和实战技能水平，评估应急培训效果，分析培训需求。

7. 提升应急反应能力

应急演练是检验、提高和评价应急能力的一个重要手段，通过亲身体验应急演练可以提高各级领导者对突发事件的决策指挥和组织协调能力，通过熟悉应急预案可以提高应急人员在紧急情况下妥善处置事故的能力。

第二节　应急演练的类型

应急演练的形式多种多样，可根据各单位演练的目的、目标选择适合单位实际情况的演练方式，侧重于培养人员风险意识和应急防范意识，提高紧急情况下人员的自救互救能力。

一、按组织方式分类

应急演练按照组织方式及目标、重点的不同，可以分为桌面演练和实战演练。

1. 桌面演练

桌面演练是最常见的演练形式，通常以视频会议、计算机模拟或口头报告等方式呈现，不受场地限制，形式自由。其目的是使各级应急部门、组织和个人明确并讨论应急预案中所规定的职责、标准、工作程序和突发情况下应采取的应急行动，提高协调配合和解决问题的能力。

2. 实战演练

实战演练是通过现场实战操作形式进行的演练活动。针对事故情景，参演人员模拟突发事件的状况，根据演练的具体要求，利用应急装备、物资，设备等，通过操作、实践完成真实应急响应的过程，以检验和提高相关应急人员的组织指挥、互相协调、应急处置及应急保障等各个方面的应急能力。

二、按演练内容分类

应急演练按其内容，可以分为单项演练和综合演练。

1. 单项演练

单项演练是针对应急预案中某一项或某部分应急响应功能开展的演练活动。单项演练的形式可以采用桌面演练方式或小规模的现场演练方式，注重对特定应急响应功能的检验，更适用于应急预案的初步检验阶段。例如，检验某项保障能力或某种特定任务所需的操作技能、各部门间的协调能力和响应能力等。常见的单项应急演练有：单位组织协调、信息报告程序演练；人员职责和任务演练；装备及物资器材到位演练；人员疏散撤离、通道封锁演练；应急处置演练；医疗救援行动等。

2. 综合演练

综合演练是针对应急预案中某一类型多项或全部应急响应功能，检验、评价应急体系整体应急运行能力的演练活动，更适合应急预案后期完善成果的检验，查缺补漏。综合演练情况较为复杂，特别是对不同单位之间应急机制和联合应对能力的检验。综合演练一般持续时间较长，规模大，采取交互的方式进行，更贴近真实情景，过程涉及整个应急救援系统的每一个响应要素，要求所有应急响应部门(单位)都要参加，能够较客观地反映各应急处置单元的任务执行能力和各单元之间的相互协调能力。

三、按演练目的和作用分类

应急演练按其目的与作用，可以分为检验性演练、示范性演练和研究性演练。

1. 检验性演练

检验性演练是为检验应急预案的可行性及应急准备的充分性而组织的演练。

2. 示范性演练

示范性演练是向参观、学习人员提供规范性演练的示范，为普及和宣传应急知识和展示综合应急救援能力而组织的观摩性演练。

3. 研究型演练

研究性演练是为研究突发事件应急处置的新方法，验证应急技术、新设施和新设备，探讨存在重难点问题的解决方案等而组织的演练。

不同的演练组织形式、内容及目的的交叉组合，可形成多种演练方式，如单项桌面演练、单项实战演练、综合实战演练、单项示范演练、综合示范演练等。各演练组织单位需要根据各自的实际情况和演练的目的等综合选择合适的演练方式。

第三节　应急演练的工作原则

一、符合规定、确保安全

按照国家相关法律法规、标准及有关规定，相关单位必须围绕演练目的科学地设计演练方案，周密组织演练活动，在保证参演人员、设备设施及演练场所安全的前提下组织开展演练。

二、结合预案实际、依据预案

演练应依据应急预案组织开展。制订应急演练预案时，应结合应急管理工作实际和突发事件特点，明确演练目的，确定演练总体形式和规模。

三、重视实践、提高能力

演练过程中，应认真记录演练中发现的各种问题，对演练过程、效果及组织工作进行严格的评估、考核。演练结束后，通过总结实践经验，推广实用经验，有效改进应急预案，及时解决问题，以提高应急指挥人员的指挥协调能力、应急处置能力和应急准备能力，为广大群众的生命和财产安全保驾护航。

第四章

实验室安全应急演练的策划与实施

常规的应急演练活动主要包括策划、准备、实施、评估总结、改进等阶段。策划阶段，主要明确演练的目的和要求，提出演练的初步想法和规划安排。准备阶段，主要完成演练的具体策划，编制演练总体方案，进行培训和预演，做好各项安全保障工作安排。实施阶段，主要按照演练方案顺利完成全部演练活动，为演练评估总结收集信息和资料。评估总结阶段，主要评估、总结演练中参与单位在各个应急环节中的问题和不足，明确改进的方向和侧重点，提出建议和改进计划。改进阶段，制订应急演练及应急预案的相关单位应依照评估中所提出的改进计划，由上级部门对其改进过程及效果进行监督检查。

第一节　应急演练的筹划

应急演练组织单位根据不同实验室存在的安全风险实际情况、应急准备工作现状和处置突发事件能力等具体情况，依据相关法律法规和应急预案的规定，综合筹划演练活动的内容、频次、形式、时间、规模等，制订应急演练规划。

一、应急演练总体筹划

1. 筹划演练活动

演练组织单位根据本单位的应急管理工作实际情况和需求统筹规划，周期性组织应急演练活动。

2. 演练组织单位

演练活动可由一个或多个单位组织开展。各单位根据演练中的作用和工作内容，一般可分为主办单位、承办单位和协办单位。主办单位是发起单位，负责组织、整体筹划、综合协调；承办单位负责具体组织实施、落实相关措施，对活动的具体过程负责；协办单位主动参与其中，对活动提供协助或赞助。

3. 安排演练时间

演练指挥机构应与有关部门、应急组织和关键人员提前协调，并确定演练时间。

4. 选定演练类型

演练组织单位按照“先单项后综合、先桌面后实战、先示范后检验，循序渐进”的原则，根据实际情况，选取演练的类型。演练应着重预防和处置突发事件技术层面的实战化训练，拒绝形式主义。

5. 确定演练规模

按照应急预案的要求，应尽可能多的部门参加、全过程实施，动用的人力和装备、器材应尽可能以少代多、以虚代实，规模适中。

6. 确定演练地点

演练组织单位应根据演练类型和规模及时确定演练地点。桌面演练需提前准备会议室、相应的沙盘、地图、电脑及计算机模拟软件等；实战演练应以演练方案为基础进行实地演练。

二、应急演练组织机构

演练活动应在相关应急预案确定的应急领导机构或指挥机构领导下组织开展。通常应急演练的最高指挥机构为演练领导小组，包含策划组、保障组、评估组和参演组。不同类型和规模的演练活动，其组织机构和职能也不尽相同，需根据演练的实际情况来确定。

1. 演练领导小组

领导小组负责应急演练活动总过程的组织领导，审批决定演练的重大事项，包括审定演练工作方案、演练工作经费、演练评估总结等。演练领导小组组长一般由演练组织单位或其上级单位的负责人担任；副组长一般由演练组织单位或承办单位、主要协办单位负责人担任；组长与副组长负责演练实施过程的指挥控制。根据实际演练规模，可随时调整组织机构设置。

2. 演练策划组

策划组负责应急演练总体策划、演练方案设计、演练实施的组织协调等工作。

（1）总策划

总策划负责演练准备、演练实施、演练评估、组织协调、人员调度等阶段各项工作的组织和落实，一般由演练组织单位或承办单位具有应急演练组织经验和突发事件应急处置经验的人员担任。在实施演练时，总策划在总指挥的授权下对演练全过程进行控制。

（2）执行组

执行组负责制订演练计划、设计演练方案、编写演练总结报告以及对演练文档的归档与备案等；负责与演练涉及的相关单位以及本单位有关部门进行沟通和协调；根据演练方案和现场情况，负责向演练人员发送各类控制消息和指令，引导和控制演练进程按计划进行。

3. 演练保障部

保障部负责与策划组沟通，准备演练场地、物资装备、道具、场景，维持现场秩序，负责安全保卫和后勤保障等工作。

4. 演练评估组

评估组一般由应急管理专家、具有一定应急演练评估经验的专业人员组成。负责设计演练评估方案和撰写演练评估报告，对演练准备、组织实施及其安全事项设定等进行全过程、全方位的跟踪观察、记录和评估。演练结束后，及时向演练领导小组提出具体意见和整改建议。

5. 演练参演组

参演组包括应急预案明确的成员单位工作人员、专职或兼职应急救援队伍、志愿者队伍等。参演人员参与具体演练任务，针对模拟事件情景做出应急响应行动，如模拟火灾、模拟危险化学品泄漏等，确保演练各要素齐全。

第二节　应急演练的准备

一、制订演练计划

演练计划是对演练活动的初步设想和安排，主要包括演练需求分析，演练任务以及时间、地点和人员安排，日程安排，经费预算等。

1. 需求分析，明确演练目的

全面分析和评估应急预案、应急职责、应急处置工作流程和指挥调度程序、应急装备、物资储备的实际情况等，提出需要通过应急演练解决的问题，有针对性地确定应急演练目标，提出演练的初步内容、演练期望达到的效果等。

2. 确定演练范围

根据演练需求、经费和资源等条件，确定演练事件的类型、参演机构及人数、演练方式等。

3. 安排演练计划

安排演练准备与实施的计划，包括各种演练文件编写与审定的期限、物资器材准备的期限、演练实施的日期等。

4. 编制演练经费预算，明确演练经费筹措渠道

二、编写演练方案

对于涉密应急预案的演练或不宜公开的演练内容，要制订保密措施。

1. 演练工作方案

工作方案的内容主要包括演练情景概述、演练目的、演练规则、人员组织结构与职责、时间、地点、参演单位、参演人员及其位置、演练现场标识、演练后勤保障、安全注意事项、通信联系方式等。

2. 演练评估指南

评估指南的内容主要包括评估人员组织结构与职责、评估人员位置、评估表格、通信联系方式等，主要供演练评估人员使用。

3. 演练脚本

对于重大综合性演练活动，演练组织单位要编写演练脚本，包含演练场景设计、处置行动与执行人员、对白和解说词等。

三、演练组织方案评审

对于存在一定风险性的应急演练活动，需要提前由评估组对演练方案进行评估、审核，确认演练方案科学、可行后，方可提交演练领导小组审批。

四、组织演练培训

在演练培训前，所有演练参与人员都需要熟悉演练规则、演练情景并明确各自在演练中的角色和任务。所有演练参与人员都要经过应急基本知识、演练基本概况、演练现场规则等方面的培训。评估人员要进行演练评估标准和方法、工具使用等方面的培训；参演人员要进行应急预案、应急技能及个人防护装备使用等方面的培训。

预演是应急演练的重要步骤。预演必须按照正式演练的要求全要素、全过程组织实施。这有利于演练参与人员熟悉演练方案和应急处置的程序、方法，推动指挥控制与处置行动的相互配合、各类应急队伍之间的协调合作。预演真实模拟演练场景，使得所有参加演练人员可以完全融入各自的角色，及时查找演练中可能存在的问题和不足，以便在后续的演练中不断改进和完善，全面提升参演人员的应急处置能力。

五、落实演练保障

1. 人员保障

在演练的准备过程中，演练组织单位和参与单位应合理安排工作，保证参演人员参与演练活动的时间，确保应急处置各岗位要素齐全，必要时可设置替补演练人员。可适当组织观摩演练活动，但是如果在实地演练中观摩人数较多，可能会影响演练的正常开展。通过观摩学习，可提高各部门的应急管理能力，提升应急救援队伍处置突发事件的技能。

2. 经费保障

演练组织单位每年要将应急演练经费纳入年度财务预算，满足应急演练的需求。如多个单位参与，需要明确演练工作经费及其承担单位。

3. 物资和器材保障

(1) 信息材料

信息材料主要是指应急预案、演练方案、地图、软件等。

(2) 物资设备

物资设备主要是指各种应急物资、通用装备、特种设备、办公设备、录音摄像设备等。

(3) 通信器材

通信器材主要是指固定联系方式、移动联系方式、对讲机、计算机、无线局域网、视频通信器材和其他配套器材(尽可能使用已有的通信器材)。

(4) 演练情景模型

演练情景模型主要是指搭建的必要的模拟场景及装置设施。

4. 通信保障

根据演练需要，可以采用多种公用或专用通信系统，必要时可组建临时演练专用通信与信息网络，确保演练控制信息和指令的快速传递。

5. 安全保障

制订安全保障实施计划，采取必要的安全防护措施，确保参演人员、观摩人员和周边实验室的安全。

第三节　应急演练的实施

一、演练启动

启动仪式的内容主要是由参加演练活动的总指挥宣布演练开始并启动演练活动。

二、演练执行

1. 演练指挥与处置行动

(1) 演练总指挥负责演练实施全过程的指挥、控制。

(2) 应急指挥机构指挥各参演队伍和人员开展对模拟事件的应急处置行动。

(3) 演练副总指挥或总策划熟练发布控制信息、指令,协调参演人员实施应急处置行动。

(4) 参演人员根据控制消息和指令,按照应急预案的程序和演练方案的规定实施处置行动,完成各项演练活动。

2. 演练解说

在演练实施过程中,演练组织单位可安排专人对演练过程进行解说。解说内容一般包括演练背景概述、关键环节讲解、案例分析、应急知识宣传等。

3. 演练记录

演练实施过程中,应采用文字、图片和视频等手段记录演练过程。记录人主要记录演练全过程的组织指挥情况、演练过程控制情况、事件处置程序和方法、参演人员的表现、意外情况及其处置等内容。图片和视频记录可安排若干人员在不同现场、不同角度进行拍摄,尽可能全方位地反映演练实施过程。

4. 演练结束与终止

演练内容全部完成后,由总策划发出结束信号,演练总指挥宣布演练结束。演练结束后,所有人员停止演练活动,按预定方案集合进行现场总结、讲评,或者组织参演人员撤离演练现场。保障组负责演练场地的清理和恢复。

如果演练实施过程中出现下列情况,可经演练领导小组讨论决定,由演练总指挥按照事先规定的程序和指令终止演练:① 参演人员迅速按照演练应急预案,履行应急处置职责;② 出现真实突发事件,需要参演人员参与应急处置时,立即终止演练;③ 出现特殊或意外情况,短时间内不能妥善处理或解决时,可提前终止演练。

5. 现场点评

演练组织单位在演练活动结束后,应组织开展演练现场点评会,其中包括专家点评、领导点评、演练参与人员和观摩人员的现场信息反馈等。

第四节　应急演练评估与总结

一、演练评估

演练结束后,在全面分析演练记录及相关资料的基础上,比照参演人员表现与演练目标要求,对演练活动及其组织过程做出客观评价。可通过组织评估会议、填写演练评价表和对参演人员进行访谈等方式,也可要求参演单位提供自我评估总结材料,进一步收集演练活动的组织实施情况,为撰写演练评估报告作准备。

演练评估报告的主要内容一般包括演练执行情况、预案的合理性与可操作性、应急指挥人员的指挥协调能力、参演人员的处置能力、演练所用设备装备的适用性、演练目标的实现情况、演练的成本效益分析、对完善预案的建议等,见表 4.1 和表 4.2。

表 4.1　实战应急演练评估表

应急演练科目			
演练形式	√实战演练　□桌面演练		
组织单位		总指挥	
演练地点			
评估单位/评估人			
评估日期	年　月　日		

续表

评估项目		评估内容及要求	评估意见	备注
演练准备情况	演练策划与设计	1.1 目标明确、简明、合理，具备可行性	□合格 □基本合格 □不合格	
		1.2 设计情景符合单位实际情况，且有利于提高参演人员的实战应急能力	□合格 □基本合格 □不合格	
		1.3 演练情景要素（事件起因后果、背景、演练过程等）较为全面	□合格 □基本合格 □不合格	
		1.4 各参演单位和人员在场景中的职责和任务明确	□合格 □基本合格 □不合格	
		1.5 演练情景中各事件之间的衔接关系和各时间节点设计科学、合理	□合格 □基本合格 □不合格	
	演练文档编制	2.1 制定演练工作方案、安全及各类保障方案、宣传方案	□合格 □基本合格 □不合格	
		2.2 编制演练脚本和工作手册	□合格 □基本合格 □不合格	
		2.3 各文件要素齐全，符合演练规范要求	□合格 □基本合格 □不合格	
		2.4 语言精练、条理清晰，内容格式规范	□合格 □基本合格 □不合格	
		2.5 演练工作方案已通过评审和报批	□合格 □基本合格 □不合格	
		2.6 演练相关文件已印发至参与演练的各单位部门	□合格 □基本合格 □不合格	
	演练保障	3.1 场地选择满足演练要求	□合格 □基本合格 □不合格	
		3.2 充分考虑演练实施过程中的各种风险，已制订必要的安全工作计划和安保措施，并准备完毕	□合格 □基本合格 □不合格	
		3.3 人员分工明确、职责清晰	□合格 □基本合格 □不合格	
		3.4 应急装备、设备配备齐全，使用管理科学、规范	□合格 □基本合格 □不合格	
		3.5 采用多种通信保障措施，保障应急通信顺畅，保证演练控制信息的快速传递	□合格 □基本合格 □不合格	

续表

评估项目		评估内容及要求	评估意见	备注
实战演练实施情况	信息报告	4.1 演练单位对现场人员发现的险情或安全隐患进行及时预警	□合格 □基本合格 □不合格	
		4.2 演练单位能够准确且及时地向有关部门和人员报告事故信息	□合格 □基本合格 □不合格	
		4.3 演练中事故信息报告程序科学、规范,符合应急预案要求	□合格 □基本合格 □不合格	
	应急响应	5.1 演练单位能够依照应急预案快速确定事故的严重程度和等级	□合格 □基本合格 □不合格	
		5.2 应急指挥小组能够根据事故情况,及时启动相应的应急响应	□合格 □基本合格 □不合格	
		5.3 应急各小组应急响应迅速,采取有效的工作程序,警告、通知、疏散实验人员	□合格 □基本合格 □不合格	
	指挥和协调	6.1 现场指挥部能够及时成立,并确保其安全、高效运转;指挥部各成员能在较短的时间内到位,听从指挥、各司其职	□合格 □基本合格 □不合格	
		6.2 应急指挥人员指挥协调能力强,能掌控救援工作全局	□合格 □基本合格 □不合格	
		6.3 现场指挥部能及时提出或制订切实可行的现场处置方案并报总指挥部批准	□合格 □基本合格 □不合格	
		6.4 应急处置方案获批后,可立即调集足够的救援人员、装备和设施等	□合格 □基本合格 □不合格	
		6.5 应急指挥决策有效、及时、科学、规范,应急救援程序有条不紊	□合格 □基本合格 □不合格	
		6.6 现场指挥部通信畅通、有序,指令及时、准确传达	□合格 □基本合格 □不合格	
	事故处置	7.1 参演人员严格执行控制消息和指令,按照演练方案规定的程序,科学、规范地开展应急处置行动,完成各项演练	□合格 □基本合格 □不合格	
		7.2 参演人员职责清楚、分工合理、交流顺畅、配合有序	□合格 □基本合格 □不合格	
		7.3 演练过程中,及时向指挥部汇报演练中出现的各种问题及采取的初步应急措施	□合格 □基本合格 □不合格	

续表

评估项目		评估内容及要求	评估意见	备注
实战演练实施情况	事故处置	7.4 事故处理过程中，采取一些安全举措以防止二次或衍生事故的发生	□合格 □基本合格 □不合格	
	医疗救护	8.1 救援人员对受伤人员采取有效的前期抢救，药品和器械装备选取合适，操作过程规范	□合格 □基本合格 □不合格	
		8.2 听从指挥部指令，通过现场抢救车辆及时地将受伤人员送医救治	□合格 □基本合格 □不合格	
	演练记录	9.1 安排专门人员采用文字、照片、影像等方式全方位地记录演练过程	□合格 □基本合格 □不合格	
	宣传教育	10.1 针对应急演练对观摩人员或其他人员进行安全应急知识的宣传教育	□合格 □基本合格 □不合格	
		10.2 通过宣传教育有效地提高应急救援意识、普及应急救援知识和技能	□合格 □基本合格 □不合格	
应急演练结束与终止	演练结束	11.1 演练完毕，由总策划发出结束信号，总指挥宣布演练结束	□合格 □基本合格 □不合格	
		11.2 演练结束后，所有人员停止演练活动，按预定方案集合，进行现场总结点评或组织疏散	□合格 □基本合格 □不合格	
	现场控制及恢复	12.1 针对事故可能造成的人员健康、环境、设备等方面的潜在危害，拟定相应的技术对策并有效实施	□合格 □基本合格 □不合格	
		12.2 及时且有效地处理事故现场的污染物或有毒、有害物质，并保证不会造成二次污染或环境危害	□合格 □基本合格 □不合格	
演练评估	全面评估总结改善	13.1 演练场景设计合理，符合演练的预期目标	□合格 □基本合格 □不合格	
		13.2 参演人员准时就位，正确且熟练地使用应急装备和设施	□合格 □基本合格 □不合格	
		13.3 参演人员依照预案要求，明确职责，服从指挥，有效且积极地完成演练中的各项任务	□合格 □基本合格 □不合格	
		13.4 通过应急演练，充分检验出应急预案的部分问题和不足之处，总结反思，予以修正	□合格 □基本合格 □不合格	

续表

评估项目		评估内容及要求	评估意见	备注
演练评估	全面评估总结改善	13.5 充分考验和锻炼参演人员的应急响应和实操能力	□合格 □基本合格 □不合格	
存在的问题简述				
评估建议和改正措施				
持续改进建议				
备注				

表 4.2 桌面应急演练评估表

<table>
<tr><td colspan="2">应急演练科目</td><td colspan="3"></td></tr>
<tr><td colspan="2">演练形式</td><td colspan="3">□实战演练 ☑桌面演练</td></tr>
<tr><td colspan="2">组织单位</td><td></td><td>总指挥</td><td></td></tr>
<tr><td colspan="2">演练地点</td><td colspan="3"></td></tr>
<tr><td colspan="2">评估单位/评估人</td><td colspan="3"></td></tr>
<tr><td colspan="2">评估日期</td><td colspan="3">年 月 日</td></tr>
<tr><td colspan="2">评估项目</td><td>评估内容及要求</td><td>评估意见</td><td>备注</td></tr>
<tr><td rowspan="7">演练策划与准备</td><td rowspan="7">演练策划与设计</td><td>1.1 目标明确、简明、合理，具备可行性</td><td>□合格 □基本合格
□不合格</td><td></td></tr>
<tr><td>1.2 设计情景符合单位实际情况，且有利于提高参演人员的实战应急能力</td><td>□合格 □基本合格
□不合格</td><td></td></tr>
<tr><td>1.3 演练情景要素(事件起因后果、背景、演化过程等)较为全面</td><td>□合格 □基本合格
□不合格</td><td></td></tr>
<tr><td>1.4 各文件要素齐全，符合演练规范要求</td><td>□合格 □基本合格
□不合格</td><td></td></tr>
<tr><td>1.5 演练情景中各事件之间的衔接关系和各时间节点设计科学、合理</td><td>□合格 □基本合格
□不合格</td><td></td></tr>
<tr><td>1.6 制订演练工作方案、安全及各类保障方案，明确参演人员数量、角色和分工，满足桌面演练需要</td><td>□合格 □基本合格
□不合格</td><td></td></tr>
<tr><td>1.7 演练现场部署、各种硬件条件满足桌面操练需要</td><td>□合格 □基本合格
□不合格</td><td></td></tr>
<tr><td rowspan="4">演练实施</td><td rowspan="4">演练实施</td><td>2.1 详细讲解演练背景、目标、过程以及参演人员的角色分工等</td><td>□合格 □基本合格
□不合格</td><td></td></tr>
<tr><td>2.2 根据模拟真实发生的事件，表述应急处理方法和内容</td><td>□合格 □基本合格
□不合格</td><td></td></tr>
<tr><td>2.3 指挥人员指挥协调能力强，能够有效地掌控各项协调工作</td><td>□合格 □基本合格
□不合格</td><td></td></tr>
<tr><td>2.4 通过信息化展现形式向参演人员展示应急演练场景，满足演练需求</td><td>□合格 □基本合格
□不合格</td><td></td></tr>
</table>

续表

评估项目		评估内容及要求	评估意见	备注
演练实施	演练实施	2.5 根据事故发展形势，人员能够主动收集和分析信息，根据已知信息和情况，拟定科学的救援方案，满足事故应急处理要求	□合格 □基本合格 □不合格	
		2.6 参演人员在应急过程中的应急决议程序科学、可行	□合格 □基本合格 □不合格	
		2.7 参演人员熟悉各自应急职责，相互配合，开展应急工作	□合格 □基本合格 □不合格	
		2.8 参演人员对应急程序表达流利、思路清楚、内容科学和全面	□合格 □基本合格 □不合格	
		2.9 参演人员服从指挥，应急行动符合角色身份要求	□合格 □基本合格 □不合格	
		2.10 演练各个目标均已圆满完成	□合格 □基本合格 □不合格	
存在的问题简述				
评估建议和改正措施				
持续改进建议				
备注				

二、演练总结

1. 现场总结

在演练的某个或所有阶段结束后，由演练总指挥、总策划、专家等在演练现场针对整体演练情况进行点评和总结。现场总结的内容主要包括本阶段的演练目标、参演队伍及人员的表现、演练中暴露的问题、解决问题的办法及改进措施等。

2. 事后总结

在演练结束后，对演练进行系统和全面的总结，并形成演练总结报告。演练总结报告的内容包括演练时间和地点、参演单位和人员、演练方案概要、发现的问题与原因、经验和教训以及改进有关工作的建议等。

三、成果运用

对演练中暴露的一些问题，演练组织单位应当及时采取措施予以改进，包括修改完善应急预案、针对薄弱环节及时组织应急救援队伍开展训练整改、加强应急人员的教育和培训、有计划地对应急物资装备进行检查、更新和储备等。

四、文件归档与备案

演练组织单位在演练结束后应将演练计划、演练方案、演练评估报告、演练总结报告等资料归档保存。对于由上级有关部门布置或参与组织的演练，或者法律、法规、规章要求备案的演练，演练组织单位应将相关资料报有关部门备案。

五、考核与奖惩

演练组织单位要对在演练中表现突出的单位及个人，给予表彰和奖励；对不按要求参加演练或影响演练正常开展的单位及个人，给予通报批评。

第五章

实验室安全应急实战演练案例

通过有计划、有重点地组织开展实战性较强的应急演练活动，可以提高实验室人员对实验室安全事故的应急响应能力和应急处置能力，最大限度地减少事故伤害。同时，演练也可对应急预案本身的完整性、周密性和适应性进行检验，发现其不足之处，以便进一步完善和优化，从而提高应急预案的针对性、实用性和可操作性，有利于指导应急救援迅速、高效、有序地开展，将事故的人员伤亡、财产损失降到最低限度。

第一节　实验室消防安全应急演练方案

消防安全应急演练是最常见的一种应急演练。通过演练，可以有效地提高实验人员的消防安全意识，增强其在安全事故中的自我保护能力，提升其在处理突发事故过程中的协调、配合能力。同时，通过演练，人们也能及时地发现应急预案的不足，以便日后不断完善和改进。

×××大学消防安全应急演练方案

根据实验室的实际情况，并结合《中华人民共和国消防条例》《机关、团体、企业、事业单位消防安全管理规定》等法律、法规的相关规定，学校制订了《×××大学实验室消防安全应急预案》，以提高师生安全意识并预防和遏制火灾事故的发生，全面落实消防安全责任，确保全校师生的生命财产安全。

同时，学校决定举行消防应急演练，以便及时发现应急预案执行中的缺陷和不足之处并进行修改；评估实验室突发安全事故的应急能力，明确各个相关院系、组织和人员的职责；检验应急响应人员对应急预案、执行程序的了解程度和实际操作水平；评估应急培训效果，分析后续应急培训需求。

一、消防安全应急演练目的

(1) 考察师生应对火灾的能力，考核日常消防训练、教育的成效，提高学院人员的灭火、疏散、自救能力和指挥者的火场组织、协调、指挥能力，使实验人员在演习中受到锻炼和教育，进一步增强师生的消防安全意识和逃生能力，做到“遇事不慌乱、积极去应对、科学又规范，保护好自我”。

(2) 帮助师生熟练使用各类消防灭火器材，掌握基本伤员应急救援处理方法，提高对火灾扑救工作的组织和处置技能，做到在发生紧急事件时，能够迅速有效地、有序地开展救援工作，把事故危害降到最低程度。

二、消防演练内容

（1）初期火灾的扑救、控制、火场协调指挥演练。

（2）人员疏散引导、伤员救护和火场警戒演练。

（3）现场使用灭火器材进行灭火演练。

（4）火灾事故处置演习总结及普及教育。

三、火灾模拟设置

××年××月××日上午××点××分，××层实验室××学生在做实验时使用电炉蒸馏时，因为电炉线路故障，致使发生电器着火，火势蔓延，引燃实验室堆放的易燃品，大火阻挡了消防通道，导致火场1人被困。学院启动应急预案组织灭火自救并拨打119报警，最终将火扑灭。

四、演习的组织指挥分工及参演人员

1. 演习指挥组

（1）总指挥：×××

职责：负责根据事故的性质、程度决定是否启动应急救援程序和启动级别；负责应急演练期间总体工作的安排。

（2）副总指挥：×××、×××

职责：与总指挥共同负责应急演练期间总体工作的安排或受总指挥委托行使总指挥职责。

2. 演习技术指导

指导员：×××

职责：具体负责应急现场评估和应急措施技术性决策并协助灭火指挥工作。

3. 参演组织及其成员

（1）灭火行动组

组长：×××

组员：×××

职责：主要负责事故应急救援的具体实施工作。

(2) 疏散引导组

组长:×××

组员:×××

职责:主要负责事故中的人员疏导工作。

(3) 通信联络组

组长:×××

组员:×××、×××

职责:主要负责事故抢险现场与演练指挥部之间的信息传递、沟通,以及演练前后及演练期间对内、对外的信息发布、通报事宜。

(4) 医疗救护组

组长:×××

组员:×××、×××、×××

职责:主要负责由实验室安全事故造成的伤员救治,以及参加应急救援人员的医疗保障工作。

(5) 摄像人员:×××、×××、×××

职责:负责演练全程的摄像及后期视频制作。

4. 参演人员:实验室全体人员×人。

5. 扮演人员:伤员×人,火灾被困人员×人。

五、演习时间、地点

时间:××年××月××日上午××点××分

地点:×××学院×××实验室

六、演习准备

1. 准备细节

(1) 通知:演练前1~2天,通知楼内其他实验室演习情况,以免引起不必要的恐慌。

(2) 培训:技术指导对评价人员进行培训,让其熟悉项目应急预案、演练方案和评价标准;培训所有参演人员,帮助他们熟悉并遵守演练现场规则。

(3) 物资准备:准备好模拟演练所需的物品和器材。

(4) 资料留存:准备好摄像器材,以便进行图片拍摄及摄像,做好资料搜集和整理工作。

(5) 总结准备:根据本次模拟火灾事故的原因、责任和培训,参演人员准备安全教育发言;准备总指挥演习总结发言。

2. 器材准备

(1) 干粉灭火器6个、铁质垃圾桶1个。

(2) 木材10 kg、柴油5 kg。

(3) 口罩10个、手套10双。

(4) 急救箱1个。

(5) 喊话器1部,标识牌、分组标签贴若干(打印)。

(6) 常用的应急物资储备,存储于安全应急柜。

(7) 摄像机1台。

(8) 应急演练方案、人员分工、联系方式等全部纸质版资料若干。

(9) 横幅标语(×××学校×××学院消防安全应急演练)准备。

七、演习基础程序

火灾初期信息通报及火情控制演练。背景:实验室线路故障,引发火情、火势蔓延,引燃实验室违规堆放的易燃物品。

(1) 按响消防警铃,联系消防中心(拨打119)汇报详细情况。

(2) 向实验室负责人报告。

(3) 实验室负责人到达后,检查并决定打开或关闭相关阀门、窗户和门等。

(4) 实验室负责人了解起火的详细原因、当前事故情况及已经采取的初步措施,并及时、准确地汇报给指挥部。

(5) 指挥部根据实际情况汇总信息,下达指令,宣布启动消防应急预案;迅速组织楼内人员疏散,尽快撤离现场;封闭实验室以避免不知情人员进入火场;通知安全应急人员火速赶赴现场,实施初期火灾扑救(灭火行动组演练:灭火器选择、使用、灭火步骤等)。

(6) 医疗救护组对伤员进行救治(模拟两个人受伤进行急救)。

(7) 火势扑灭后,派遣应急人员巡查,搜索是否有人员被困楼内(模拟一人被困实验室内,已采取关闭实验室门、用湿布围堵门缝等自救措施);应急人员帮助被困人员撤离至安全区域。

(8) 应急演练结束,参演人员负责现场清理和恢复。

八、模拟119报警

按响消防警铃，联系消防中心(拨打119)并汇报详细情况。

报警重点：单位、地点、位置，提出紧急救援要求，起火的时间、楼层、燃烧物、火势及控制情况；有无易燃易爆危险品，人员疏散、伤亡、被困情况，何人在何处接应消防车，报告人信息及联系方式。可安排不同人员重复报警内容2～3次，让参演者加深印象。

九、初期火灾扑救演练

警报响起(各小组人员全部到位，在实验室楼门外等候)，实验室负责人了解情况，并关闭电闸、气阀等，设置隔离区，同时将情况汇报给指挥部。指挥部根据实际情况，由总指挥宣布启动消防应急预案，开展灭火、人员疏散与应急救援演练。

灭火行动组迅速赶到现场，同时将实验室门口或走道上的灭火器材带到火灾现场，接通水带水枪，作模拟救火(注意：不能开水阀，不要拔灭火器铅封和保险销，不要开启手轮，仅做模拟动作)。

要求：齐装全员迅速赶到现场，现场动作标准，态度严肃，听从领导小组指挥。演练结束后，将器材归位。

十、火场人员疏散引导和伤员救护演练

1. 火场人员疏散引导及火场自救

疏散引导组长×××指挥组员分别负责实验室前方和后方两边安全出口处的人员疏散，按规定路线从指定安全出口引导人员有序逃生，避免拥挤、摔倒现象的发生，争取在最短的时间内将人员引导至指定安全地带，并及时向总指挥报告。

人员按指令疏散至楼外安全区域并集中列队，清点人数。

火场留10人，在人员疏散完后，5人模拟火场浓烟状态下疏散，低姿撤出；4人用湿毛巾、湿纸巾或湿衣物等物品捂住口鼻，低姿从火场撤出，再列队回归原单位。1人被困火场，已采取关闭实验室门窗、用湿布围堵门缝等自救措施；应急人员帮助被困人员撤离至安全区域。

要求：让全体人员观摩疏散自救过程。

演练要点：

a. 人员疏散前要随手关闭本岗位设备电源。

b. 距窗户边较近的人员疏散前就近关闭窗户。

c. 要保证防火门的关闭。

d. 对已疏散人员进行列队清点，确保及时查出被困火场的人员。

2. 伤员救护演练

火场救护演习：演习开始5分钟后，医疗救护组按疏散组长指定的位置将2名伤员带到安全地点，进行紧急抢救处理。

创口止血：对于轻伤，流程为：冲洗，消毒，贴创可贴，防止感染。

烧伤护理：对于轻烧伤，流程为：用冷水反复冲洗降温，消毒，涂抹烫伤膏，就医。

3. 火场警戒

总指挥在接到火警后应立即加强实验室的安全警戒，防止其他人员进入火场。

十一、灭火器材现场灭火演练

人员集合完毕，总指挥宣布灭火实战演练开始。首先，讲解干粉灭火器使用方法、分解动作及注意事项。当听到指挥人员下达灭火命令后，开始灭火演练（操作人员：××）。

现场演示使用方法如下：

(1) 使用前要将瓶体颠倒几次，使筒内干粉松动。

(2) 除掉铅封或钥匙。

(3) 拔掉保险销。

(4) 左手握着喷管，右手提着压把。

(5) 在距离火焰2米的地方，用右手用力压下压把，用左手拿着喷管左右摇摆，喷射干粉覆盖燃烧区，直至把火全部扑灭。

要求如下：

(1) 先做模拟动作，再做实战动作，动作要正确、果断。

(2) 掌握风向，控制现场的烟、雾、水流。

(3) 使用快到期的灭火器，节约器材。

十二、宣布演练结束、火灾事故教育及演练总结

1. 宣布演练结束

应急救援人员：“报告总指挥！本次火灾全部扑灭，所有参与抢险人员50人，现场清点50人，本次事故共2名人员受轻伤，已经对他们进行紧急抢救处理，目前安

全，其他人员也已全部安全撤离，汇报完毕！”

总指挥：“好！请立即成立事故调查组，查明事故原因，做好相关善后工作！”

应急救援人员：“是！”

主持人：“下面请总指挥宣布演练结束。”

总指挥：“好！现在，我宣布消防应急救援演练圆满结束！”

2. 火灾事故教育

总指挥向全体人员宣讲以下内容：

(1) 事故起因、财产损失和人员伤亡情况。

(2) 事故教训：实验室电炉线路安全隐患未得到及时处理，以及违规堆放易燃物造成的后果。

(3) 宣布组成事故调查组，查明原因，落实责任，处理相关责任人，进一步做好消防后续处理工作。

事故教育可以使师生从火灾事故演练中认识到火灾的危害性，了解火灾事故的处理程序，增加日常遵守安全规则的自觉性，进一步提高师生对消防安全工作重要性的认识，从中吸取教训，受到教育。

3. 演练总结

由总指挥根据演练的评估情况对本次演练全过程进行讲评；对各行动组的响应速度、实操技能、协同合作，以及指挥部的组织协调和应急决策等情况进行总结，肯定优点，指出不足，进一步提高演练水平，使演练接近实战，提高师生应对事故的实战能力。同时，安排演练结束后器材、物资的保养、复原、归位等有关工作。

副总指挥发言，内容为：通过这次消防演练，进一步增强了实验人员的防范意识和自救能力，充分了解和掌握了识别危险的方法和如何采取必要的应急措施等基本操作，迅速、有序、及时、有效地应对突发火灾事故。我们以后会定期开展消防演练活动，提高实验人员的应急救援技能和应急反应综合素质，有效降低事故危害，减少事故损失，确保各实验室安全、健康、有序的发展。

4. 演练结束

演练结束后召开全体人员会议，进一步分析、总结出现的问题，以便及时发现应急预案的不足并进行修改。

第二节　实验室地震安全应急演练方案

通过实验室地震应急演练，提高实验人员应对地震灾害的紧急应变能力，使师生熟悉实验室紧急疏散的程序和安全线路，掌握应急避震的正确方法，从而提升师生的紧急避险和自我保护能力，确保在地震发生时能迅速、高效、有序地开展地震应急工作，从而最大限度地保护师生的生命安全。

×××实验室地震安全应急演练方案

根据实验室的实际情况，结合《中华人民共和国防震减灾法》和《破坏性地震应急条例》法律法规规定，学校制订了《×××大学实验室地震应急预案》，并决定于近期举行防震应急避险和疏散逃生演练。

一、地震安全应急演练的目的

(1) 通过地震应急演练，使师生掌握应急避震的正确方法，熟悉震后紧急疏散的程序和线路，确保全院地震应急工作能迅速、高效、有序地进行，从而最大限度地保护师生的生命安全，减少不必要的非震伤害。

(2) 通过地震应急演练，确保在地震发生时及时、有效地开展如疏散人员逃生、组织现场自救互救、安置伤员等医疗救护应急处置工作，提高师生应对突发地震灾害事件的能力。同时，通过演练活动培养学生听从指挥、互帮互助的品德。

(3) 检验《×××大学实验室地震安全应急预案》的可操作性，并在总结演练经验的基础上进一步改进、完善预案。

二、演练安排

(1) 内容：① 应急避震演练环节；② 紧急疏散演练环节；③ 应急救援演练环节

(2) 对象：全院师生

(3) 时间：××年××月××日上午××点××分

(4) 地点：×××学院×××实验室

三、演练的组织结构

1. 演练指挥部

总指挥：×××

副指挥：×××，×××，×××

成员：×××，×××，×××

职责：全面负责演练组织和现场指挥，指导地震应急演练工作。在灾害发生时做到临危不乱,将伤亡损失最小化,切实行使其职责。

2. 通信联络组

组长:×××

组员:×××,×××,×××

职责:主要负责事故抢险现场与演练指挥部之间的信息传递、沟通,以及演练前后及演练期间对内、对外的信息发布、通报、联络事宜。

3. 紧急救援组

组长:×××

组员:×××,×××,×××

职责:负责指导紧急避险和紧急撤离,依据预案措施及疏散路线,有序地疏散全体师生到安全地带。疏散过程中,维持秩序,避免拥挤踩踏,保证全体师生快速、安全地撤离现场,做好学生的思想与心理帮扶工作。在遇到紧急情况时能灵活应对和处理。

4. 医疗卫生组

组长:×××

组员:×××,×××,×××

职责:准备医疗器械和药品,负责地震灾情检查及救援。

5. 摄像宣传组

组长:×××

组员:×××,×××,×××

职责:开展防震减灾科普知识集中宣传活动;开展以应急避险和自救、互救为主要内容的地震科普知识讲座;负责地震应急救援演练全程的记录、摄像及制作。

四、演练要求

(1) 保持镇静,听从指挥,服从安排。

(2) 保持安静,动作迅速、科学、规范,严禁推搡、冲撞、拥挤。

(3) 学生在安全引导员的组织下,迅速、有序、安全地进行疏散,并到指定安全地点集合。

(4) 各行动小组成员和全体教师各司其职,圆满完成本次疏散演练。

五、演练准备

(1) 演练前,开展防震减灾科普知识集中宣传活动,举办以应急避险、自救互救和紧急医疗救护知识为主要内容的地震科普知识讲座。

(2) 演练前,组织师生学习和讨论地震应急救援演练方案,讨论和完善演练科目、紧急避险方式、紧急疏散路线及学生分流、临时避难场地及其分配和自救互救方案的设计等事宜。防震减灾演练领导组制订相关措施,明确职责,确保演练顺利进行。

(3) 演练前,发布通知告知全院各实验室此次演练的时间、地点以及其预防性、模拟性联系,强调并非真正的地震来临,以免发生误解而引发地震谣传。

(4) 演练前,对疏散路线必经之处和避震的安全地点进行实地探查,消除障碍和隐患,确保线路畅通和安全,对存在的其他安全问题及时进行整改。

六、演练程序

1. 启动演练程序 (1 分钟内)

总指挥宣布:"老师们,同学们,×××学院地震应急演练马上开始,请大家做好准备,各就各位。"

2. 应急避震演练(3～5 分钟)

(1) 应急避震演练

信号源发出地震警报信号(鸣长哨,约 3 分钟)。紧急避险警报声:吹哨 3 声(短促,约 3 秒),拉响防灾警报。活动现场的领导为总指挥,指挥所有人员及时就地避震。

总指挥:"地震来了,大家不要慌! 在实验室的人员请马上抱头、闭眼,蜷曲身体,降低身体重心,尽可能用物品保护头部,注意高空坠物,有可能的话躲入'三角空间'。身处办公室的人员请在原房间紧急避震,躲在桌子下面,耐心等待下一步指令。"

解说员:"震情就是命令,当破坏性地震发生后,学校领导、老师迅速转变成现场指挥者,组织学生就地采取正确方式避险。对学生的救援是最为重要的任务,保障学生安全是首位。"

(2) 应急避震演练要求

当听到发生地震的信号后,学生们应立即开始演练,应该做到:

① 保持镇定,切莫惊慌失措。尽快躲避到安全地点,千万不要匆忙逃离。

② 身处实验室内的学生应立即就近躲避,身体采用卧倒或蹲下的方式,使身体尽量小,躲到桌下或墙角,防止被掉落物砸伤,但不要靠近窗口。

躲避的姿势:将一个胳膊弯起来保护眼睛不让碎玻璃击中,另一只手用力抓紧桌腿。在墙角躲避时,把双手交叉放在脖子后面保护自己,可以拿书包或其他保护物品遮住头部和颈部。

卧倒或蹲下时，也可以采用以下姿势：脸朝下，头靠近墙，两只胳膊在额前相交，右手正握左臂，左手反握右臂，前额枕在臂上，闭上眼睛和嘴，用鼻子呼吸。

③ 在室外的同学应尽快躲到安全的地方，要用双手放在头上，防止被砸伤，避开建筑物和电线。

（注：老师要及时纠正学生采取的不正确措施，避免发生意外事故。）

3. 紧急疏散演练(1～2分钟)

(1) 准备撤离环节，信号员发出解除“地震警报”的信号

1分钟后，信号员发出解除“地震警报”的信号。吹哨一声(拉长，2秒)，准备撤离。

总指挥：“第一波地震已过，现在组织所有人员有序撤离大楼，打开所有锁着的出口大门。大家不要紧张，听从指挥有秩序地撤离(按预定方案进行演练)。”

(2) 紧急疏散演练环节，信号员发出“紧急疏散”信号

总指挥：“1、2队从一号大门撤离，3、4队全体向后转身从二号大门撤离，5－10队全体向后转，5、6队从三号大门撤离，7、8队从四号大门撤离，9、10队从五号大门撤离。楼上的室内人员现在可先撤出办公室，准备下楼。注意下楼梯不要推赶。楼上下来的人员往四号、五号大门撤离，楼前草坪是撤离安全区域。身处实验室内的教职工及研究生应迅速关闭火源、电源、气源等，处理好易燃易爆物品等。”

(3) 撤离到事先指定的地点整队，清点人数并检查伤亡情况

紧急救援组报告：“报告指挥部，除2人轻伤外，尚有两名人员在楼内，未撤离至安全区域，请指示！”

总指挥：“请迅速开展应急搜救和医疗救援！”

总指挥：“安全区域受伤人员请医疗组开展紧急医疗处理。”

4. 应急救援演练环节(5～10分钟)

地震应急救援组分成两小队：第一小分队进入大楼展开人员搜救工作，在楼内找到2名被困人员，把获救的师生转送到安全区域；第二小分队进入大楼内迅速开展搜寻，检查楼内情况，并进行灭火和消除有害气体泄漏等次生灾害的救援演练。医疗救援组立即对获救人员进行紧急医疗救助和转运重伤员等演练。

应急救援组长报告：“报告指挥部，地震应急救援组已完成演练任务，请指示！”

总指挥：“请原地待命！”

医疗救援组长报告：“报告指挥部，医疗救援组已完成演练任务，请指示！”

总指挥：“请原地待命！”

5. 宣布演练结束和进行演习总结

(1) 演练结束

指挥部拉响解除警报(约1分钟)。

主持人:“下面请总指挥宣布演练结束。”

总指挥:“好!现在,我宣布地震应急救援演练圆满结束!现在地震应急救援演练科目已全部完成,请各参演队伍到主席台前集结!”

(2) 演练总结

总指挥作本次防震演练情况分析及有关安全意识、技能等重要讲话。演练结束后召开会议,对出现的问题进一步分析、总结,以便及时发现相关工作的不足并修改应急预案、执行程序等。

第三节　实验室危险化学品(二甲苯)泄漏应急演练方案

危险化学品是指具有爆炸、易燃、有毒、腐蚀等性质的危险化学物质,在运输、储存、使用和处置过程中,极易造成人员伤亡、环境污染和财产损失的事故。危险化学品不慎泄漏后,如果处理不当,可能会导致人员中毒甚至死亡,也可能会引发生态环境污染和破坏。更值得注意的是,如果是可燃物、易燃物引发的火灾、爆炸,则会造成毁灭性的破坏。实验室是危险化学品集中使用的高风险场所。因此,当实验室发生危险化学品泄漏时,开展迅速且有效的处理尤为重要。

×××学校×××学院实验室危险化学品(二甲苯)泄漏应急演练方案

一、应急演练目的

(1) 检验应急救援预案编制的科学性、实用性和可操作性,发现应急预案编制过程中存在的问题并改进。

(2) 检验危险化学品泄漏事故中师生的应急处置能力。

(3) 提高师生整体应急反应能力和应急意识。

二、编制依据

《中华人民共和国安全生产法》《危险化学品安全管理条例》《中华人民共和国消防法》《中华人民共和国环境保护法》《重大危险源辨识》《国家安全生产事故灾难应急预案》《危险化学品名录》。

三、演练安排

(1) 内容:实验教学实验室有机试剂(二甲苯)泄漏应急演练

(2) 对象:全院师生

(3) 时间:××年××月××日上午××点××分

(4) 地点:×××学院×××楼

四、演练的组织机构

1. 演练安全领导小组

院级安全负责人:×××

实验室负责人:×××,×××,×××

成员:×××,×××,×××

职责:全面负责演练组织和现场指挥,指导应急演练工作。在灾害发生时做到临危不乱,努力使伤亡损失最小化,从思想上高度重视,切实行使其职责。

2. 应急救援组

组长:×××

组员:×××,×××,×××

职责:根据指挥命令,迅速组织人员对现场进行抢救,控制现场事态发展,消除险情并将现场信息上报总指挥。

3. 医疗救护组

组长:×××

组员:×××,×××,×××

职责:准备医疗器械和药品,负责抢救伤员,及时护送伤员就医。

4. 警戒保卫组:

组长:×××

组员:×××,×××

职责:负责现场警戒,清除现场闲杂人员,保证抢救道路畅通。

5. 摄像宣传组

组长:×××

组员:×××,×××,×××

职责:负责地震应急救援演练全程的摄像及制作,并负责活动宣传工作。

五、演练要求

(1) 参加演练的所有人员要服从命令,听从指挥,做到抢险和抢救规范、迅速,并要注意自身安全,确保演练成功。

(2) 参演师生一律穿实验服,着装整齐。演练时要确保通信畅通。

六、演练准备

(1) 应急个人防护装备:防护面具、护目镜、防护手套、防护口罩、防化靴、防护服各2套。

(2) 吸附中和用品:吸附棉、吸附枕、吸附条、中和酸、中和碱、中和有机溶剂。

(3) 检测仪器:四合一气体检测仪、挥发性有机物检测仪。

(4) 其他应急用品:应急处理手册资料、应急用品推车、可密封应急桶、防化垃圾袋、医药箱、储物箱、告示牌/警示牌、剪刀、pH 试纸、纸笔等。

(5) 其他物品:对讲机、警示带等。

七、演练程序

演练程序见表5.1。

表5.1　演练程序

演练阶段1	人员自救逃生	
演练时间	演练活动	解说词
×时×分～×时×分	一位同学在实验室内转移二甲苯的过程中,不小心把1 L二甲苯打翻了,发生泄漏,并大声提醒其他同学,两位学生立刻扶起受伤同学,迅速、安全地撤离出实验室,对受伤同学进行喷淋冲洗。 实验教师大声通知实验室里的其他同学尽快停止实验,从安全出口疏散,迅速、有序地撤离。实验教师立即切断实验电源,关门,离开实验室。撤离事发实验室后,尽快疏散附近的实验室人员,并在离事故发生实验室门5 m左右处走廊进行安全警戒,防止其他人员进入。教师查看受伤学生紧急喷淋自救情况。	由于滑倒的同学沾染了化学品,应该立即冲洗自救。此外,教师需检查是否有其他同学受伤,进而及时对伤者进行施救。如果伤者伤势严重,就需要通知实验室负责人联系车辆将伤者送到医院就医。

续表

演练阶段 2	启动响应机制	
演练时间	演练活动	解说词
×时×分～×时×分	在实验室外安全区域，当事教师通知医护人员，同时向上级汇报有机试剂泄漏的具体情况，请求解决方案。院级安全负责人通知安排保卫组外围警戒，启动响应应急安全处置机制和上报机制。 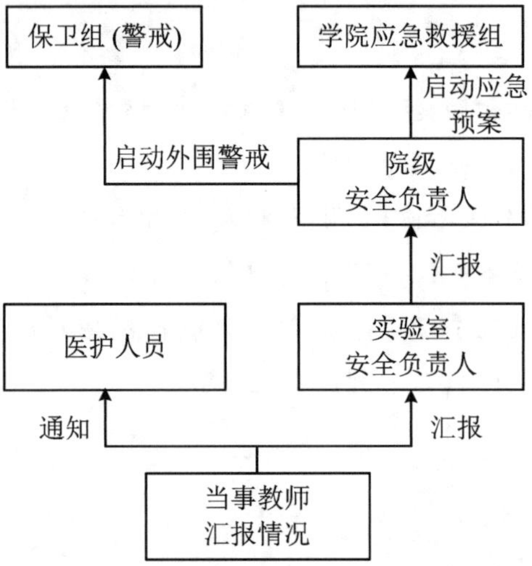 保卫组(警戒) 学院应急救援组 启动应急预案 启动外围警戒 院级安全负责人 汇报 医护人员 实验室安全负责人 通知 汇报 当事教师汇报情况	当事教师应该立即拨打医护人员联系方式，随即拨打实验室安全负责人联系方式，汇报事故地点、事故性质和严重程度，请求给出解决方案。 由于此事故中泄漏的化学品为二甲苯，为有毒易燃化学品，应按照《×××大学实验室危险化学品事故应急预案》启动响应应急安全处置机制和上报机制。
演练阶段 3	应急人员防护穿戴	
演练时间	演练活动	解说词
×时×分～×时×分	应急组长接到指示后，立即组织抢险组员携带应急防护装备和处理设备迅速赶往现场，与安全负责人核实具体情况后，根据确认的化学品种类(二甲苯)，按照化学品安全技术说明书(MSDS)指引做相应应急处置。在此过程中，应急人员应正确穿戴好防护用具，然后开始危险化学品泄漏处置。	防护用品的穿戴方法： 首先佩戴一次性丁腈手套。 1. 穿着防护服(每种化学品的泄漏所配备的防护服都不同，火灾时须配备隔热服、一般的防化学、耐腐蚀性化学品、特殊化工厂须配备全身式防护服)。 2. 穿防化靴(现场纠错指正：防护服要穿在防化靴外面，防止液体渗入脚面皮肤，产生不必要的伤害)。

续表

演练时间	演练活动	解说词
×时×分～×时×分	应急组长接到指示后，立即组织抢险组员携带应急防护装备和处理设备迅速赶往现场，与安全负责人核实具体情况后，根据确认的化学品种类(二甲苯)，按照MSDS指引做相应应急处置。在此过程汇总，正确穿戴好防护用具，然后开始专业的危险化学品泄漏处置。	3. 戴防毒面具(进行密合度测试，双手掌心捂住滤毒盒，进行吸气和呼气测试，看是否有空气从面部与面具的贴合处溢出，如有漏气，调整角度，如还不行，说明选择的面具过大，换更合适的)。 4. 佩戴防护眼罩(纠错指正:防护服的帽檐盖过防护眼镜，防止液体滴落到头部皮肤)。 5. 佩戴防护面屏，加强对面部的保护(头面部防护很重要，不可马虎)。 6. 佩戴双层防护手套(可现场纠错指正:防护服要穿在防护手套外面，防止液体渗入手部皮肤，产生不必要的伤害)。
演练阶段4	现场应急处置和撤离	
演练时间	演练活动	解说词
×时×分～×时×分	准备进入房间前，首先对人员进行静电消除，有条件的先通过防爆排风机进行新风置换，置换10分钟以上，等5分钟。接下来一名救援人员取出气体探测仪通过底部门缝对发生泄漏的实验室污染物浓度进行探测。	用气体浓度探测器测定浓度值，判断是否符合人员进入条件。 只有符合条件的人员，才能进入。
	确定实验室内的污染物浓度符合条件后，一名应急人员缓慢进入，另一名人员在外面警戒，当进入危险环境中的应急人员发生不测，负责警戒的应急人员可以在第一时间予以救援或及时通知相关部门采取应急措施。	化学品安全说明书(Material Safety Data Sheet)，国际上也称化学品安全信息卡，包括化学品理化特性(如PH、闪点、易燃度和反应活性等)和对使用者的健

续表

演练时间	演练活动	解说词
×时×分～×时×分	应急人员开门进入实验室。第一时间打开窗户(降低污染物浓度)。找到实验室台账、MSDS等信息,巡视实验室的情况,查看是否有其他隐患,迅速撤出,等待浓度降低,并关好门。 撤出后,两名应急人员再次对现场进行评估,商议处置方案,等待现场泄漏物浓度降低。	康(如致癌、致畸等)可能产生的危害。同时,也记录有危险化学品的燃、爆性能,毒性和环境危害,以及安全使用、泄漏应急救护处置、如何安全搬运、贮存和使用该化学品等方面信息的综合性文件。它是传递化学品危害信息的重要文件。 通过MSDS信息,可以了解化学品的有关危害,在使用时能主动进行防护,起到减少职业危害和预防化学事故的作用。
	一名应急人员探测确认安全,再次进入实验室迅速找到化学品泄漏地点,进行现场障碍物清除,确认安全,开始清理工作。 另一名应急人员推着应急泄漏车抵达泄漏点。首先找到实验室灭火器或灭火毯、沙箱以备用。 用吸附条对泄漏的化学品进行围封防止进一步扩散,用吸附枕对接口处进行压实。通过夹钳清除泄漏源,并放置于装好防化垃圾袋的桶中。接下来通过夹钳用吸附枕吸附1 L的残留物,90%以上可以吸附,吸附结束后放入危化品垃圾桶。再通过夹钳夹着吸附垫对少量残留物进行吸附并擦拭干净。通过吸附中和剂进行彻底的吸附、清扫。再次对泄漏点周围现场环境监测,测定合格。将产生的废物全部装入防化垃圾袋,进行扎带扎实,桶盖密封。 整理收拾并撤出实验室。	1. 确认实验室灭火器或灭火毯、沙箱备用,以防处置过程中着火,可以第一时间采取灭火措施。 2. 用吸附枕对接口处进行压实,防止从接口处再次溢出。 3. 吸附枕选用以PP聚丙烯为基材,不能与要吸附的化学品发生反应。 4. 泄漏化学品处理完成后,必须对现场泄漏点的周围环境进行监测,在测定合格后,方可撤离。

续表

演练阶段 5	应急处理完毕撤离	
演练时间	演练活动	解说词
×时×分～×时×分	应急人员撤出后，放好应急车，第一时间进行自身安全洗消，找到紧急喷淋装置进行紧急喷淋，全身喷淋后脱去个人防护装备。 一名应急人员贴上二甲苯的化学废弃物标签。另一名应急人员做实验室安全移交，找实验室安全负责人签字移交。	个人防护装备的脱除过程，两名应急人员相互配合，按从头到脚顺序，最后脱手套，防止残留化学品腐蚀手部皮肤。脱手套要从手套的内衬翻转过来后再用力脱掉。防护服、防护手套等限次使用的，放入白色暂存垃圾袋，后续在安全清洗后以备二次使用。
演练阶段 6	应急解除，演练结束	
演练时间	演练活动	解说词
×时×分～×时×分	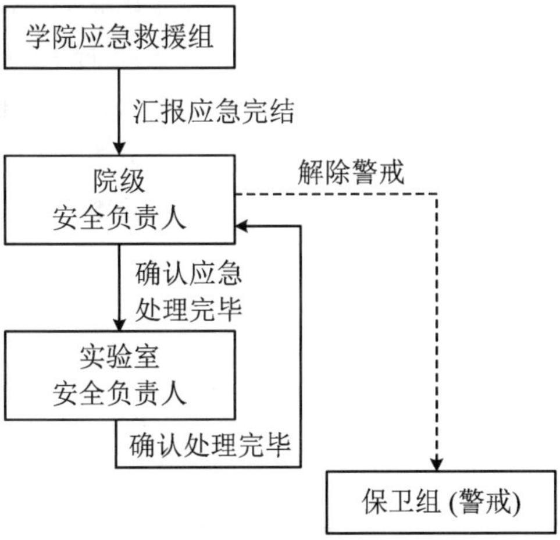 学院应急救援组 汇报应急完结 院级安全负责人 解除警戒 确认应急处理完毕 实验室安全负责人 确认处理完毕 保卫组(警戒) 应急组汇报：二甲苯泄漏事故已安全处理完毕，受伤同学已安排就医。 院级安全负责人：组成事故分析小组，做深刻事故分析，在人员、设施设备、环境改善、管理措施上切实落实各项安全措施，吸取事故经验和教训，避免事故再次发生。	1. 当有危险化学品大面积撒漏在台面或地面上时，在确保自身安全的情况下，切断电源，关闭气阀，对泄漏环境进行隔离。 2. 如果身体沾到危险化学品，首先脱掉有沾染化学品的防护衣物，然后立即使用实验室的洗眼器和喷淋装置，紧急喷淋 10～15 分钟。 3. 如果化学品发生泄漏，必须立刻建立隔离警戒区域，并疏散无关人员，同时立刻通知专门负责部门，请求专业处置。

续表

演练时间	演练活动	解说词
×时×分～×时×分	演练结束,各参演单位有序撤离,做好现场清理和恢复工作。	4. 应急处置前,一定要明确泄漏化学品成分,按照相关化学品的MSDS操作指引,处置人员佩戴相应的全套防护装备,做好现场的探测,确认安全,方能进入现场进行清除处理。 5. 处置污染区域要进行围堵,防止扩散,采用专业的化学吸附棉中和剂等处置泄漏的危险化学品。 6. 在应急人员处置后,须用气体探测器检测周围的有害气体浓度,如未达标,则继续执行处置程序。 7. 完全处置完毕后,应急人员必须进行洗消作业,方能褪去防护装备,否则很容易造成二次伤害。

八、附件

二甲苯 MSDS	
沸点	144 ℃
熔点	−25 ℃
相对密度(水=1)	0.88
水中溶解度	不溶解
蒸气压	20 ℃时 0.7 kPa
蒸气相对密度(空气=1)	3.7

续表

二甲苯 MSDS	
蒸气/空气混合物的相对密度(20 ℃,空气=1)	1.02
闪点	32 ℃(闭杯)
自燃温度	463 ℃
物理危险性	由于流动、搅拌等,可能产生静电
化学危险性	与强酸和强氧化剂发生反应
爆炸极限	空气中 0.9%~6.7%(体积)
职业接触限值	阈限值:100×10^{-6}(时间加权平均值);150×10^{-6}(短期接触限值),A4(不能分类为人类致癌物)。公布生物暴露指数(美国政府工业卫生学家会议,2001 年)。欧盟职业接触限值:50×10^{-6}(时间加权平均值);100×10^{-6}(短期接触限值)(经皮)(欧盟,2000 年)。
接触途径	该物质可通过吸入,经皮肤渗入和食入吸收到体内。
吸入危险性	短时间内吸入高浓度的二甲苯,会出现中枢神经麻醉的症状,轻者头晕、恶心、胸闷、乏力,严重者会出现昏迷,甚至因呼吸循环衰竭而死亡。
短期接触的影响	该物质刺激眼睛和皮肤,可能对中枢神经系统产生影响。如果吞咽液体吸入肺中,可能引起化学肺炎。
长期或反复接触的影响	液体使皮肤脱脂。该物质可能对中枢神经系统产生影响。接触该物质可能增加噪声引起的听力损害。动物实验表明,该物质可能对人类生殖或发育造成毒性影响。

应急处置

闪点很低,用水灭火无效。

小火时,用干粉、CO_2、水幕或常规泡沫灭火。

大火时,用水幕、雾状水或常规泡沫灭火,不得使用直流水扑救;在确保安全的前提下将容器移离火场。

泄漏处置

- 消除所有点火源(泄漏区附近禁止吸烟,消除所有明火、火花或火焰)。
- 作业时所有设备应接地。
- 禁止接触或跨越泄漏物。
- 在保证安全的情况下堵漏。
- 防止泄漏物进入水体、下水道、地下室或密闭空间。

续表

应急处置
·用泡沫覆盖抑制蒸气产生。 ·用干土、砂或其他不燃性材料吸收或覆盖并收集于容器中。 大量泄漏 ·在液体泄漏物前方筑堤堵截以备处理。 ·雾状水能抑制蒸气的产生，但在密闭空间中的蒸气仍能被引燃。 急救 ·确保医疗救援人员了解该物质的相关信息，并且注意个体防护，将受害者移至空气新鲜处。 ·拨打“120”或其他应急医疗服务联系方式。 ·若呼吸停止，给予人工呼吸。 ·若呼吸困难，给吸氧。 ·脱去并隔离污染的衣物和鞋。 ·皮肤或眼睛接触，立即用流动清水冲洗至少20分钟，然后用肥皂和水清洗皮肤。 ·万一烧伤，立即用冷水冷却烧伤部位，若衣服与皮肤粘连，切勿脱衣。 ·受害者注意保温，保持安静。 （吸入、食入或皮肤接触本品可引起迟发反应，救援人员应注意观察伤者的情况，一旦出现呼吸困难、昏迷等症状，应及时采取急救措施，尽快送医就诊。）

第四节　实验室生物安全应急演练方案

通过开展实验室生物安全应急演练，考查实验人员在生物安全突发事件中的应变能力、专业技术水平，检验实验室软硬件的完善度以及生物应急预案科学性和可操作性的预期效果。根据演练中反映出的问题，进一步完善、优化应急预案并进行整改，以保障实验室安全、人员安全和环境安全，最大限度地消除实验室安全隐患，提高实验室人员的生物安全防护意识和应急处置能力。

×××学校×××学院实验室生物事故应急演练方案

一、演练目的

为加强实验室生物安全管理工作，提高实验室安全防护意识，进一步提高实验室工作人员的专业技术素养和应急处置能力，实现生物安全事故处置的科学性、合理性、准确性，检验和提高学院生物安全事故应急准备、组织协调和应急响应能力，依据《×××大学（学院）实验室生物安全事件应急处理预案》，制订本演练方案。

二、编制依据

《中华人民共和国传染病防治法》《中华人民共和国突发事件应对法》《突发公共卫生事件应急条例》《国家突发公共卫生应急预案》《病原微生物实验室生物安全管理条例》等。

三、演练安排

(1) 内容：实验室高致病性病原微生物意外事故的应急处置

(2) 对象：医学院和生命学院师生

(3) 时间：××年××月××日上午××点××分

(4) 地点：×××楼×××实验室

四、演练组织机构以及职责分工

相关学院成立相应的生物安全事件应急处置工作小组：

组　长：×××

副组长：×××，×××

成　员：×××，×××

职责：负责制订实验室生物安全应急事件处置预案和人员培训、应急演练、检查督导方案；在应急事件突发时，负责启动实验室生物安全应急事件预案并指挥、协调应急事件的处置；安排落实各项工作，定期检查监督各实验室生物安全，发现问题并及时整改；在突发事件发生时，在领导小组的指挥下开展全面的应急处置工作。

五、演练要求

(1) 参加演练人员必须按照真实事件对待，服从指挥部现场指挥与协调。

(2) 参加演练人员必须注意安全防范，做好个人防护，防止意外发生（要求穿戴一次性防护服、口罩、一次性乳胶手套、护目镜、医用口罩）。

(3) 观摩人员必须在警示线外，保持安静（要求穿戴实验服、鞋套）。

六、演练准备

(1) 培训准备:在演练开始前要进行演练动员与培训,确保所有演练参与人员掌握演练规则,熟悉演练情景,明确各自在演练中的任务。所有演练参与人员都要经过应急基本知识、演练基本概念、演练现场规则等方面的培训;参演人员也都要进行应急预案、应急技能及个体防护装备使用等方面的培训。

(2) 应急物品(根据具体情况,决定物品备用量)

① 防护用品:医用乳胶手套、医用防护口罩、化学护目镜、防护服。

② 吸附物品:吸液棉抹布。

③ 消毒、污物处理物品:消毒液、感染性废物垃圾袋、封口胶带、扎带。

七、演练程序

1. 事故模拟设置

在医学院×××实验室内,一名实验人员不慎将装有大肠埃希菌的容器跌落到地面上,形成了一个具有放射状的约 20 cm×20 cm 的污染面,但并未溅洒至实验人员的身体和衣物上。

2. 事故报告

事发后,当事人员应立即向实验室安全负责人汇报事故经过并请示处理方式。实验室安全负责人应立即将事故情况报学院安全组长;学院安全组长应立即启动《×××学院实验室生物安全事故应急处理预案》,并由组长成立指挥中心。

事故报告内容应包括实验室设立单位名称、实验室名称、事故发生时间和地点、涉及病原体种类、可能感染的范围、感染或暴露人数、主要症状和体征、导致事故发生可能的原因,已采取的处置措施、下一步工作计划等。

3. 应急处理

(1) 启动警戒

① 安全小组成员应立即赶赴现场,指挥现场相关人员立即疏散撤离,关闭所有对外门窗,设立警戒区域,在污染区域设立“生物危害,禁止进入”的标志,禁止其他人员进入。

② 划定隔离区域,对污染现场所有人员进行隔离。

③ 等待现场指挥部指令和应急救援。

（2）现场处置

事故发生后，涉事人员应立即停止工作，不要捡拾跌落的容器。

① 第一次现场消毒处理：领导小组安排应急人员（已穿着C级个体防护服、防毒面具等个体防护用具）迅速进入污染现场。用0.5%～1.0%的含氯消毒液对跌落的容器和溅洒面进行喷洒（将消毒面积扩大至两倍或以上面积，由外向里饱和喷洒），然后用一件实验服对跌落的容器和溅洒面进行完全覆盖，再在其表面喷洒含氯消毒液。

通知同一实验区的其他房间人员尽快撤出实验区。在现场消毒处理完毕后，将实验室的门窗及排风系统关闭，打开紫外灯消毒。

两名实验人员撤出事故现场，在另一实验室内用含氯消毒液再对穿戴的防护用具外表面进行消毒，用内翻外卷方式脱掉白大褂等防护用具，更换新的防护用具，换下的防护用具全部放入感染性废弃物垃圾袋中并进行密封。

② 第二次现场消毒处理：2名应急人员进入污染实验间，用含氯消毒液对覆盖着溅洒面的吸水布进行饱和喷洒，并将消毒的面积扩大两倍，之后撤出实验区。消毒作用时间为60分钟。

等待消毒后，应急人员穿好个人防护用品，再次进入污染实验间。将覆盖溅洒的白大褂和容器等各种在污染区域用过的用品进行彻底清洁消毒，用捏钳将其放置于双层感染性废物垃圾袋中严密包装，用扎带封口，用胶带再次进行缠绕式完全封口，装载于有明确标志的全封闭的、坚硬不外露的感染性废物桶内（如有尖锐物品，需要放在尖锐物存放器皿内），并用标签注明；完成处理后，应急人员离开实验室，进行洗消及防护用品脱除程序，将脱除的防护用品置于感染性废物垃圾袋中，密封并用标签注明，最后通知专业人员对污染物进行妥善处理。

③ 第三次消毒处理：在该实验区内使用高压蒸汽灭菌器进行消毒处理20分钟。

在现场消毒作用时间到达后，应急人员（穿着个人防护用品）对消毒区域（地面、柜门、桌椅等部位）进行随机采样，放入培养箱对样品进行培养，脱除防护用品置于污物袋中，密封并用标签注明，由专业人员妥善处理。

48小时后报告灭菌效果监测情况。根据结果，如处置得当，可解除生物安全危险警示，实验室即可恢复工作。

4. 终止应急响应

应急组汇报："报告应急工作指挥部，受污染人员已转运隔离，事故现场已消毒处理，未发现其他污染源和受污染人员。事发后实验室停止运作，被感染人员得到有效治疗，受污染区域得到有效消毒，未出现感染。"

应急工作指挥部组长："高致病性病原微生物泄漏事故处置完毕，我宣布，此次实验室生物安全事故应急处置演练结束，请各小组完成现场清理和恢复后，有序撤离。"

附录一　国务院有关部门和单位制定和修订突发公共事件应急预案框架指南[①]

1．总则

1.1　目的

1.2　工作原则

要求明确具体。如统一领导、分级管理，条块结合、以块为主，职责明确、规范有序，结构完整、功能全面，反应灵敏、运转高效，整合资源、信息共享，平战结合、军民结合和公众参与等原则。

1.3　编制依据

1.4　适用范围

级别限定要明确、针对性要强，可以预见的突发公共事件均应制定预案。

2．组织指挥体系及职责

2.1　应急组织机构与职责

明确各组织机构的职责、权力和义务。

2.2　组织体系框架描述

以突发公共事件应急响应全过程为主线，明确突发公共事件发生、报警、响应、结束、善后处置等环节的主管部门与协作部门；以应急准备及保障机构为支线，明确各参与部门的职责。要体现应急联动机制要求，最好附图表说明。

3．预警和预防机制

3.1　信息监测与报告

确定信息监测方法与程序，建立信息来源与分析、常规数据监测、风险分析与分级等制度。按照早发现、早报告、早处置的原则，明确影响范围，信息渠道、时限要求、审批程序、监督管理、责任制等。应包括发生在境外、有可能对我国造成重大影响的事件的信息收集与传报。

---

① 本指南由国务院办公厅以函〔2004〕33号发布。

3.2 预警预防行动

明确预警预防方式方法、渠道以及监督检查措施，信息交流与通报，新闻和公众信息发布程序。

3.3 预警支持系统

预警服务系统要建立相关技术支持平台，做到信息传递及反馈高效、快捷，应急指挥信息系统要保证资源共享、运转正常、指挥有力。

3.4 预警级别及发布

明确预警级别的确定原则、信息的确认与发布程序等。按照突发公共事件严重性和紧急程度，建议分为一般（Ⅳ级）、较重（Ⅲ级）、严重（Ⅱ级）和特别严重（Ⅰ级）四级预警，颜色依次为蓝色、黄色、橙色和红色。

4. 应急响应

4.1 分级响应程序

制定科学的事件等级标准，明确预案启动级别和条件，以及相应级别指挥机构的工作职责和权限。按突发公共事件可控性、严重程度和影响范围，原则上按一般〈Ⅳ级〉、较大〈Ⅲ级〉、重大〈Ⅱ级〉、特别重大〈Ⅰ级〉四级启动相应预案。突发公共事件的实际级别与预警级别密切相关，但可能有所不同，应根据实际情况确定。阐明突发公共事件发生后通报的组织、顺序、时间要求、主要联络人及备用联络人、应急响应及处置过程等。对于跨国（境）、跨区域、跨部门的重大或特别重大突发公共事件，可针对实际情况列举不同措施。要避免突发公共事件可能造成的次生、衍生和耦合事件。

4.2 信息共享和处理

建立突发公共事件快速应急信息系统。明确常规信息、现场信息采集的范围、内容、方式、传输渠道和要求，以及信息分析和共享的方式、方法、报送及反馈程序。要求符合有关政府信息公开的规定。如果突发公共事件中的伤亡、失踪、被困人员有港澳台人员或外国人，或者突发公共事件可能影响到境外，需要向香港、澳门、台湾地区有关机构或有关国家进行通报时，明确通报的程序和部门。突发公共事件如果需要国际社会的援助时，需要说明援助形式、内容、时机等，明确向国际社会发出呼吁的程序和部门。

4.3 通讯

明确参与应急活动所有部门的通讯方式，分级联系方式，及备用方案。提供确保应急期间党政军领导机关及事件现场指挥的通讯畅通的方案。

4.4 指挥和协调

现场指挥遵循属地化为主的原则，建立政府统一领导下的以突发事件主管部门为主、各部门参与的应急救援协调机制。要明确指挥机构的职能和任务，建立决策机制，报告、请示制度，信息分析、专家咨询、损失评估等程序。

4.5 紧急处置

制定详细、科学的应对突发公共事件处置技术方案。明确各级指挥机构调派处置队伍的权限和数量，处置措施，队伍集中、部署的方式，专用设备、器械、物资、药品的调用程序，不同处置队伍间的分工协作程序。如果是国际行动，必须符合国际机构行动要求。

4.6 应急人员的安全防护

提供不同类型突发公共事件救援人员的装备及发放与使用要求。说明进入和离开事件现场的程序，包括人员安全、预防措施以及医学监测、人员和设备去污程序等。

4.7 群众的安全防护

根据突发公共事件特点，明确保护群众安全的必要防护措施和基本生活保障措施，应急情况下的群众医疗救助、疾病控制、生活救助，以及疏散撤离方式、程序，组织、指挥，疏散撤离的范围、路线、紧急避难场所。

4.8 社会力量动员与参与

明确动员的范围、组织程序、决策程序等。

4.9 突发公共事件的调查分析、检测与后果评估

明确机构、职责与程序等。

4.10 新闻报道

明确新闻发布原则、内容、规范性格式和机构，以及审查、发布等程序。

4.11 应急结束

明确应急状态解除的程序、机构或人员，并注意区别于现场抢救活动的结束。明确应急结束信息发布机构。

5. 后期处置

5.1 善后处置

明确人员安置、补偿，物资和劳务的征用补偿，灾后重建、污染物收集、清理与处理程序等。

5.2 社会救助

明确社会、个人或国外机构的组织协调、捐赠资金和物资的管理与监督等事项。

5.3 保险

明确保险机构的工作程序和内容，包括应急救援人员保险和受灾人员保险。

5.4 突发公共事件调查报告和经验教训总结及改进建议

明确主办机构，审议机构和程序。

6. 保障措施

6.1 通信与信息保障

建立通信系统维护以及信息采集等制度，确保应急期间信息通畅。明确参与应急活动的所有部门通讯方式，分级联系方式，并提供备用方案和通讯录。要求有确保应急期间党政军领导机关及现场指挥的通信畅通方案。

6.2 应急支援与装备保障

(1) 现场救援和工程抢险保障。包括突发公共事件现场可供应急响应单位使用的应急设备类型、数量、性能和存放位置，备用措施，相应的制度等内容。

(2) 应急队伍保障。要求列出各类应急响应的人力资源，包括政府、军队、武警、机关团体、企事业单位、公益团体和志愿者队伍等。先期处置队伍、第二处置队伍、增援队伍的组织与保障方案，以及应急能力保持方案等。

(3) 交通运输保障。包括各类交通运输工具数量、分布、功能、使用状态等信息，驾驶员的应急准备措施，征用单位的启用方案，交通管制方案和线路规划。

(4) 医疗卫生保障。包括医疗救治资源分布，救治能力与专长，卫生疾控机构能力与分布，及其各单位的应急准备保障措施，被调用方案等。

(5) 治安保障。包括应急状态下治安秩序的各项准备方案，包括警力培训、布局、调度和工作方案等。

(6) 物资保障。包括物资调拨和组织生产方案。根据具体情况和需要，明确具体的物资储备、生产及加工能力储备、生产流程的技术方案储备。

(7) 经费保障。明确应急经费来源、使用范围、数量和管理监督措施，提供应急状态时政府经费的保障措施。

(8) 社会动员保障。明确社会动员条件、范围、程序和必要的保障制度。

(9) 紧急避难场所保障。规划和建立基本满足特别重大突发公共事件的人员避难场所。可以与公园、广场等空旷场所的建设或改造相结合。

6.3 技术储备与保障

成立相应的专家组，提供多种联系方式，并依托相应的科研机构，建立相应的技术信息系统。组织有关机构和单位开展突发公共事件预警、预测、预防和应急处置技术研究，加强技术储备。

6.4 宣传、培训和演习

(1) 公众信息交流。最大限度公布突发公共事件应急预案信息，接警联系方式和部门，宣传应急法律法规和预防、避险、避灾、自救、互救的常识等。

(2) 培训。包括各级领导、应急管理和救援人员的上岗前培训、常规性培训。可以将有关突发事件应急管理的课程列为行政干部培训内容。

(3) 演习。包括演习的场所、频次、范围、内容要求、组织等。

6.5 监督检查

明确监督主体和罚则，对预案实施的全过程进行监督检查，保障应急措施到位。

7. 附 则

7.1 名词术语、缩写语和编码的定义与说明

突发公共事件类别、等级以及对应的指标定义，统一信息技术、行动方案和相关术语等编码标准。

7.2 预案管理与更新

明确定期评审与更新制度、备案制度、评审与更新方式方法和主办机构等。

7.3 国际沟通与协作

国际机构的联系方式、协作内容与协议，参加国际活动的程序等。

7.4 奖励与责任

应参照相关规定，提出明确规定，如追认烈士，表彰奖励及依法追究有关责任人责任等。

7.5 制定与解释部门

注明联系人和联系方式。

7.6 预案实施或生效时间

8. 附录

8.1 与本部门突发公共事件相关的应急预案

包括可能导致本类突发公共事件发生的次生、衍生和耦合突发公共事件预案。

8.2 预案总体目录、分预案目录

8.3 各种规范化格式文本

新闻发布、预案启动、应急结束及各种通报的格式等。

8.4 相关机构和人员通讯录

要求及时更新并通报相关机构、人员。

附件：

关于《国务院有关部门和单位制定和修订突发公共事件应急预案框架指南》的说明

为贯彻落实党的十六届三中全会关于"建立健全各种预警和应急机制，提高政府应对突发事件和风险的能力"的要求，全面履行政府职能，加强社会管理，做好应对风险和突发公共事件的思想准备、预案准备、机制准备和工作准备，防患于未然，国务院将制定、修订突发公共事件（包括自然灾害、事故灾难、公共卫生事件、社会安

全事件等各类涉及公共安全的事件，下同）应急预案作为今年政府工作的一项重要任务。国务院有关部门、单位一定要居安思危、有备无患，把制定、修订突发公共事件应急预案作为加强应急机制建设的重要组成部分和基础性工作，抓紧做好，切实提高政府应对公共危机的能力。

本框架指南供有关部门、单位制定、修订相关预案时参照。各部门、单位根据突发公共事件的性质、类型和自己的实际情况，可以适当增减或修改相应内容，调整结构。

一、指导思想

以邓小平理论和“三个代表”重要思想为指导，紧紧围绕全面建设小康社会的总目标，坚持以人为本，树立全面、协调、可持续的科学发展观，遵循预防为主、常备不懈的方针，按照统一领导、分级管理，条块结合、以块为主，职责明确、规范有序，结构完整、功能全面，反应灵敏、运转高效的思路，制定和完善突发公共事件的应急预案，建立健全各种预警和应急机制，提高政府社会管理水平和应对突发公共事件的能力，保障人民群众的生命财产安全、社会政治稳定和国民经济的持续快速协调健康发展。

二、工作原则

（一）以人为本，健全机制。要把保障人民群众的生命安全和身体健康作为应急工作的出发点和落脚点，最大限度地减少突发公共事件造成的人员伤亡和危害。要不断改进和完善应急救援的装备、设施和手段，切实加强应急救援人员的安全防护和科学指挥。要充分发挥人的主观能动性，充分依靠各级领导、专家和群众，充分认识社会力量的基础性作用，建立健全组织和动员人民群众参与应对突发公共事件的有效机制。

（二）依靠科学，依法规范。制定、修订应急预案要充分发挥社会各方面，尤其是专家的作用，实行科学民主决策，采用先进的预测、预警、预防和应急处置技术，提高预防和应对突发公共事件的科技水平，提高预案的科技含量。预案要符合有关法律、法规、规章，与相关政策相衔接，与完善政府社会管理和公共服务职能、深化行政管理体制改革相结合，确保应急预案的全局性、规范性、科学性和可操作性。

（三）统一领导，分级管理。在国务院统一领导下，组织有关部门、单位制定和修订本部门的突发公共事件应急预案。要按照分级管理、分级响应和条块结合、以块为主的原则，落实各级应急响应的岗位责任制，明确责任人及其指挥权限。

（四）加强协调配合，确保快速反应。应急预案的制定和修订是一项系统工程，要明确不同类型突发公共事件应急处置的牵头部门或单位，其他有关部门和单位要主动配合、密切协同、形成合力；要明确各有关部门和单位的职责和权限；涉及关系全局、跨部门、跨地区或多领域的，预案制定、修订部门要主动协调有关各方；要确保突发公共事件信息及时准确传递，应急处置工作反应灵敏、快速有效；充分依靠和发挥人民解放军和武警部队在处置突发公共事件中的骨干作用和突击队作用；充分发挥民兵在处置突发公共事件中的重要作用。

（五）坚持平战结合，充分整合现有资源。要经常性地做好应对突发公共事件的思想准备、预案准备、机制准备和工作准备，加强培训演练，做到常备不懈。按照条块结合，资源整合，降低行政成本的要求，充分利用现有资源，避免重复建设，充分发挥我国社会主义制度集中力量办大事的优越性。

（六）借鉴国外经验，符合我国实际。认真借鉴国外处置突发公共事件的有益经验，深入研究我国实际情况，切实加强我国应急能力和机制的建设，提高社会管理水平，要充分发挥我们的政治优势、组织优势，在各级党委和政府的领导下，发挥基层组织的作用，建立健全社会治安综合治理、城乡社区管理等社会管理机制。

三、内容和范围

本应急预案所称突发公共事件是指突然发生，造成或者可能造成重大人员伤亡、重大财产损失、重大生态环境破坏和对全国或者一个地区的经济社会稳定、政治安定构成重大威胁或损害，有重大社会影响的涉及公共安全的紧急事件。根据突发公共事件的发生性质、过程和机理，突发公共事件主要分类如下：

（一）自然灾害。主要包括水旱灾害，台风、冰雹、雪、沙尘暴等气象灾害，火山、地震灾害，山体崩塌、滑坡、泥石流等地质灾害，风暴潮、海啸等海洋灾害，森林草原火灾和重大生物灾害等。

（二）事故灾难。主要包括民航、铁路、公路、水运等重大交通运输事故，工矿企业、建设工程、公共场所及机关、企事业单位发生的各类重大安全事故，造成重大影响和损失的供水、供电、供油和供气等城市生命线事故以及通讯、信息网络、特种设备等安全事故，核与辐射事故，重大环境污染和生态破坏事故等。

（三）突发公共卫生事件。主要包括突然发生，造成或可能造成社会公众健康严重损害的重大传染病疫情（如鼠疫、霍乱、肺炭疽、O157、传染性非典型肺炎等）、群体性不明原因疾病、重大食物和职业中毒，重大动物疫情，以及其他严重影响公众健康的事件。

（四）突发社会安全事件。主要包括重大刑事案件、涉外突发事件、恐怖袭击事件、经济安全事件以及规模较大的群体性事件等。

随着形势的发展变化，今后还会出现一些新情况，突发公共事件的类别和内容将适当调整。

各部门、单位应通过总结分析近年来国内外发生的各类突发公共事件，及其处置过程中的经验、教训，按照全面履行政府职能，加强社会管理的要求，在现有工作基础上，结合本部门实际，制定、修订相应的应急预案。

四、需要注意的几个问题

（一）紧紧围绕应急工作体制、工作运行机制和法制建设等方面制定、修订应急预案。体制方面主要是明确应急体系框架、组织机构和职责，强调协作，特别要落实各级岗位责任制和行政首长负责制。运行机制方面主要包括：预测预警机制、应急信息报告程序、应急决策协调机制、应急公众沟通机制、应急响应级别确定机制、应急处置程序、应急社会动员机制、应急资源征用机制和责任追究机制等内容。同时，应急预案工作要与加强法制建设相结合，要依法行政，努力使突发公共事件的应急处置逐步走向规范化、制度化和法制化轨道。并注意通过对实践的总结，促进法律、法规和规章的不断完善。

（二）协作配合部门或单位制定的配套预案，可作为主管部门预案的附件，建立跨部门的信息与技术资源共享机制。

（三）按照分级管理、分级响应的原则，结合突发公共事件的严重性、可控性，所需动用的各类资源，影响区域范围等因素，分级设定启动预案的级别。

（四）突发公共事件的新闻报道，要按照及时主动、准确把握、正确引导、讲究方式、注重效果、遵守纪律、严格把关的原则进行。具体要求详见《中共中央办公厅国务院办公厅关于进一步改进和加强国内突发事件新闻报道工作的通知》（中办发〔2003〕22号）和《关于改进和加强国内突发事件新闻发布工作的实施意见》（国务院办公厅2004年2月27日印发）。

（五）在预案制定和修订过程中要按照决策民主化、科学化的原则，广泛征求社会各界和专家的意见。

（六）正确处理日常安全防范、安全生产工作和应急处置突发公共事件工作的关系；正确处理内部规章制度（如防火、保密、安全等）和突发公共事件应急预案的关系。

（七）应急预案要及时修订，不断充实、完善和提高。每一次重大突发公共事件发生后，都要进行预案的重新评估和修订。

（八）应急预案正文前应有总目录，并就预案的整体情况作简要说明。按国务院办公厅统一行文规定的要求打印，并按有关规定标注密级。

附录二 生产安全事故应急预案管理办法[①]

第一章 总 则

第一条 为规范生产安全事故应急预案管理工作，迅速有效处置生产安全事故，依据《中华人民共和国突发事件应对法》《中华人民共和国安全生产法》《生产安全事故应急条例》等法律、行政法规和《突发事件应急预案管理办法》（国办发〔2013〕101号），制定本办法。

第二条 生产安全事故应急预案（以下简称应急预案）的编制、评审、公布、备案、实施及监督管理工作，适用本办法。

第三条 应急预案的管理实行属地为主、分级负责、分类指导、综合协调、动态管理的原则。

第四条 应急管理部负责全国应急预案的综合协调管理工作。国务院其他负有安全生产监督管理职责的部门在各自职责范围内，负责相关行业、领域应急预案的管理工作。

县级以上地方各级人民政府应急管理部门负责本行政区域内应急预案的综合协调管理工作。县级以上地方各级人民政府其他负有安全生产监督管理职责的部门按照各自的职责负责有关行业、领域应急预案的管理工作。

第五条 生产经营单位主要负责人负责组织编制和实施本单位的应急预案，并对应急预案的真实性和实用性负责；各分管负责人应当按照职责分工落实应急预案规定的职责。

第六条 生产经营单位应急预案分为综合应急预案、专项应急预案和现场处置方案。

综合应急预案，是指生产经营单位为应对各种生产安全事故而制定的综合性工作方案，是本单位应对生产安全事故的总体工作程序、措施和应急预案体系的总纲。

专项应急预案，是指生产经营单位为应对某一种或者多种类型生产安全事故，

---

① 2016年6月3日国家安全生产监督管理总局令第88号公布，根据2019年7月11日应急管理部令第2号《应急管理部关于修改〈生产安全事故应急预案管理办法〉的决定》修正。

或者针对重要生产设施、重大危险源、重大活动防止生产安全事故而制定的专项性工作方案。

现场处置方案，是指生产经营单位根据不同生产安全事故类型，针对具体场所、装置或者设施所制定的应急处置措施。

第二章　应急预案的编制

第七条　应急预案的编制应当遵循以人为本、依法依规、符合实际、注重实效的原则，以应急处置为核心，明确应急职责、规范应急程序、细化保障措施。

第八条　应急预案的编制应当符合下列基本要求：

（一）有关法律、法规、规章和标准的规定；

（二）本地区、本部门、本单位的安全生产实际情况；

（三）本地区、本部门、本单位的危险性分析情况；

（四）应急组织和人员的职责分工明确，并有具体的落实措施；

（五）有明确、具体的应急程序和处置措施，并与其应急能力相适应；

（六）有明确的应急保障措施，满足本地区、本部门、本单位的应急工作需要；

（七）应急预案基本要素齐全、完整，应急预案附件提供的信息准确；

（八）应急预案内容与相关应急预案相互衔接。

第九条　编制应急预案应当成立编制工作小组，由本单位有关负责人任组长，吸收与应急预案有关的职能部门和单位的人员，以及有现场处置经验的人员参加。

第十条　编制应急预案前，编制单位应当进行事故风险辨识、评估和应急资源调查。

事故风险辨识、评估，是指针对不同事故种类及特点，识别存在的危险危害因素，分析事故可能产生的直接后果以及次生、衍生后果，评估各种后果的危害程度和影响范围，提出防范和控制事故风险措施的过程。

应急资源调查，是指全面调查本地区、本单位第一时间可以调用的应急资源状况和合作区域内可以请求援助的应急资源状况，并结合事故风险辨识评估结论制定应急措施的过程。

第十一条　地方各级人民政府应急管理部门和其他负有安全生产监督管理职责的部门应当根据法律、法规、规章和同级人民政府以及上一级人民政府应急管理部门和其他负有安全生产监督管理职责的部门的应急预案，结合工作实际，组织编制相应的部门应急预案。

部门应急预案应当根据本地区、本部门的实际情况，明确信息报告、响应分级、指挥权移交、警戒疏散等内容。

第十二条　生产经营单位应当根据有关法律、法规、规章和相关标准，结合本单位组织管理体系、生产规模和可能发生的事故特点，与相关预案保持衔接，确立本单位的应急预案体系，编制相应的应急预案，并体现自救互救和先期处置等特点。

第十三条　生产经营单位风险种类多、可能发生多种类型事故的，应当组织编制综合应急预案。

综合应急预案应当规定应急组织机构及其职责、应急预案体系、事故风险描述、预警及信息报告、应急响应、保障措施、应急预案管理等内容。

第十四条　对于某一种或者多种类型的事故风险，生产经营单位可以编制相应的专项应急预案，或将专项应急预案并入综合应急预案。

专项应急预案应当规定应急指挥机构与职责、处置程序和措施等内容。

第十五条　对于危险性较大的场所、装置或者设施，生产经营单位应当编制现场处置方案。

现场处置方案应当规定应急工作职责、应急处置措施和注意事项等内容。

事故风险单一、危险性小的生产经营单位，可以只编制现场处置方案。

第十六条　生产经营单位应急预案应当包括向上级应急管理机构报告的内容、应急组织机构和人员的联系方式、应急物资储备清单等附件信息。附件信息发生变化时，应当及时更新，确保准确有效。

第十七条　生产经营单位组织应急预案编制过程中，应当根据法律、法规、规章的规定或者实际需要，征求相关应急救援队伍、公民、法人或其他组织的意见。

第十八条　生产经营单位编制的各类应急预案之间应当相互衔接，并与相关人民政府及其部门、应急救援队伍和涉及的其他单位的应急预案相衔接。

第十九条　生产经营单位应当在编制应急预案的基础上，针对工作场所、岗位的特点，编制简明、实用、有效的应急处置卡。

应急处置卡应当规定重点岗位、人员的应急处置程序和措施，以及相关联络人员和联系方式，便于从业人员携带。

第三章　应急预案的评审、公布和备案

第二十条　地方各级人民政府应急管理部门应当组织有关专家对本部门编制的部门应急预案进行审定；必要时，可以召开听证会，听取社会有关方面的意见。

第二十一条　矿山、金属冶炼企业和易燃易爆物品、危险化学品的生产、经营（带储存设施的，下同）、储存、运输企业，以及使用危险化学品达到国家规定数量的化工企业、烟花爆竹生产、批发经营企业和中型规模以上的其他生产经营单位，应当对本单位编制的应急预案进行评审，并形成书面评审纪要。

前款规定以外的其他生产经营单位可以根据自身需要，对本单位编制的应急预案进行论证。

第二十二条　参加应急预案评审的人员应当包括有关安全生产及应急管理方面的专家。

评审人员与所评审应急预案的生产经营单位有利害关系的，应当回避。

第二十三条　应急预案的评审或者论证应当注重基本要素的完整性、组织体系的合理性、应急处置程序和措施的针对性、应急保障措施的可行性、应急预案的衔接性等内容。

第二十四条　生产经营单位的应急预案经评审或者论证后，由本单位主要负责人签署，向本单位从业人员公布，并及时发放到本单位有关部门、岗位和相关应急救援队伍。

事故风险可能影响周边其他单位、人员的，生产经营单位应当将有关事故风险的性质、影响范围和应急防范措施告知周边的其他单位和人员。

第二十五条　地方各级人民政府应急管理部门的应急预案，应当报同级人民政府备案，同时抄送上一级人民政府应急管理部门，并依法向社会公布。

地方各级人民政府其他负有安全生产监督管理职责的部门的应急预案，应当抄送同级人民政府应急管理部门。

第二十六条　易燃易爆物品、危险化学品等危险物品的生产、经营、储存、运输单位，矿山、金属冶炼、城市轨道交通运营、建筑施工单位，以及宾馆、商场、娱乐场所、旅游景区等人员密集场所经营单位，应当在应急预案公布之日起20个工作日内，按照分级属地原则，向县级以上人民政府应急管理部门和其他负有安全生产监督管理职责的部门进行备案，并依法向社会公布。

前款所列单位属于中央企业的，其总部（上市公司）的应急预案，报国务院主管的负有安全生产监督管理职责的部门备案，并抄送应急管理部；其所属单位的应急预案报所在地的省、自治区、直辖市或者设区的市级人民政府主管的负有安全生产监督管理职责的部门备案，并抄送同级人民政府应急管理部门。

本条第一款所列单位不属于中央企业的，其中非煤矿山、金属冶炼和危险化学品生产、经营、储存、运输企业，以及使用危险化学品达到国家规定数量的化工企业、烟花爆竹生产、批发经营企业的应急预案，按照隶属关系报所在地县级以上地方人民政府应急管理部门备案；本款前述单位以外的其他生产经营单位应急预案的备案，由省、自治区、直辖市人民政府负有安全生产监督管理职责的部门确定。

油气输送管道运营单位的应急预案，除按照本条第一款、第二款的规定备案外，还应当抄送所经行政区域的县级人民政府应急管理部门。

海洋石油开采企业的应急预案，除按照本条第一款、第二款的规定备案外，还应当抄送所经行政区域的县级人民政府应急管理部门和海洋石油安全监管机构。

煤矿企业的应急预案除按照本条第一款、第二款的规定备案外，还应当抄送所在地的煤矿安全监察机构。

第二十七条　生产经营单位申报应急预案备案，应当提交下列材料：

（一）应急预案备案申报表；

（二）本办法第二十一条所列单位，应当提供应急预案评审意见；

（三）应急预案电子文档；

（四）风险评估结果和应急资源调查清单。

第二十八条　受理备案登记的负有安全生产监督管理职责的部门应当在5个工作日内对应急预案材料进行核对，材料齐全的，应当予以备案并出具应急预案备案登记表；材料不齐全的，不予备案并一次性告知需要补齐的材料。逾期不予备案又不说明理由的，视为已经备案。

对于实行安全生产许可的生产经营单位，已经进行应急预案备案的，在申请安全生产许可证时，可以不提供相应的应急预案，仅提供应急预案备案登记表。

第二十九条　各级人民政府负有安全生产监督管理职责的部门应当建立应急预案备案登记建档制度，指导、督促生产经营单位做好应急预案的备案登记工作。

第四章　应急预案的实施

第三十条　各级人民政府应急管理部门、各类生产经营单位应当采取多种形式开展应急预案的宣传教育，普及生产安全事故避险、自救和互救知识，提高从业人员和社会公众的安全意识与应急处置技能。

第三十一条　各级人民政府应急管理部门应当将本部门应急预案的培训纳入安全生产培训工作计划，并组织实施本行政区域内重点生产经营单位的应急预案培训工作。

生产经营单位应当组织开展本单位的应急预案、应急知识、自救互救和避险逃生技能的培训活动，使有关人员了解应急预案内容，熟悉应急职责、应急处置程序和措施。

应急培训的时间、地点、内容、师资、参加人员和考核结果等情况应当如实记入本单位的安全生产教育和培训档案。

第三十二条　各级人民政府应急管理部门应当至少每两年组织一次应急预案演练，提高本部门、本地区生产安全事故应急处置能力。

第三十三条　生产经营单位应当制定本单位的应急预案演练计划，根据本单位的事故风险特点，每年至少组织一次综合应急预案演练或者专项应急预案演练，每半年至少组织一次现场处置方案演练。

易燃易爆物品、危险化学品等危险物品的生产、经营、储存、运输单位，矿山、金属冶炼、城市轨道交通运营、建筑施工单位，以及宾馆、商场、娱乐场所、旅游景区等人员密集场所经营单位，应当至少每半年组织一次生产安全事故应急预案演练，并将演练情况报送所在地县级以上地方人民政府负有安全生产监督管理职责的部门。

县级以上地方人民政府负有安全生产监督管理职责的部门应当对本行政区域内前款规定的重点生产经营单位的生产安全事故应急救援预案演练进行抽查；发现演练不符合要求的，应当责令限期改正。

第三十四条 应急预案演练结束后，应急预案演练组织单位应当对应急预案演练效果进行评估，撰写应急预案演练评估报告，分析存在的问题，并对应急预案提出修订意见。

第三十五条 应急预案编制单位应当建立应急预案定期评估制度，对预案内容的针对性和实用性进行分析，并对应急预案是否需要修订作出结论。

矿山、金属冶炼、建筑施工企业和易燃易爆物品、危险化学品等危险物品的生产、经营、储存、运输企业、使用危险化学品达到国家规定数量的化工企业、烟花爆竹生产、批发经营企业和中型规模以上的其他生产经营单位，应当每三年进行一次应急预案评估。

应急预案评估可以邀请相关专业机构或者有关专家、有实际应急救援工作经验的人员参加，必要时可以委托安全生产技术服务机构实施。

第三十六条 有下列情形之一的，应急预案应当及时修订并归档：

（一）依据的法律、法规、规章、标准及上位预案中的有关规定发生重大变化的；

（二）应急指挥机构及其职责发生调整的；

（三）安全生产面临的风险发生重大变化的；

（四）重要应急资源发生重大变化的；

（五）在应急演练和事故应急救援中发现需要修订预案的重大问题的；

（六）编制单位认为应当修订的其他情况。

第三十七条 应急预案修订涉及组织指挥体系与职责、应急处置程序、主要处置措施、应急响应分级等内容变更的，修订工作应当参照本办法规定的应急预案编制程序进行，并按照有关应急预案报备程序重新备案。

第三十八条 生产经营单位应当按照应急预案的规定，落实应急指挥体系、应急救援队伍、应急物资及装备，建立应急物资、装备配备及其使用档案，并对应急物资、装备进行定期检测和维护，使其处于适用状态。

第三十九条 生产经营单位发生事故时，应当第一时间启动应急响应，组织有关力量进行救援，并按照规定将事故信息及应急响应启动情况报告事故发生地县级以上人民政府应急管理部门和其他负有安全生产监督管理职责的部门。

第四十条　生产安全事故应急处置和应急救援结束后，事故发生单位应当对应急预案实施情况进行总结评估。

第五章　监督管理

第四十一条　各级人民政府应急管理部门和煤矿安全监察机构应当将生产经营单位应急预案工作纳入年度监督检查计划，明确检查的重点内容和标准，并严格按照计划开展执法检查。

第四十二条　地方各级人民政府应急管理部门应当每年对应急预案的监督管理工作情况进行总结，并报上一级人民政府应急管理部门。

第四十三条　对于在应急预案管理工作中做出显著成绩的单位和人员，各级人民政府应急管理部门、生产经营单位可以给予表彰和奖励。

第六章　法律责任

第四十四条　生产经营单位有下列情形之一的，由县级以上人民政府应急管理等部门依照《中华人民共和国安全生产法》第九十四条的规定，责令限期改正，可以处 5 万元以下罚款；逾期未改正的，责令停产停业整顿，并处 5 万元以上 10 万元以下的罚款，对直接负责的主管人员和其他直接责任人员处 1 万元以上 2 万元以下的罚款：

（一）未按照规定编制应急预案的；

（二）未按照规定定期组织应急预案演练的。

第四十五条　生产经营单位有下列情形之一的，由县级以上人民政府应急管理部门责令限期改正，可以处 1 万元以上 3 万元以下罚款：

（一）在应急预案编制前未按照规定开展风险辨识、评估和应急资源调查的；

（二）未按照规定开展应急预案评审的；

（三）事故风险可能影响周边单位、人员的，未将事故风险的性质、影响范围和应急防范措施告知周边单位和人员的；

（四）未按照规定开展应急预案评估的；

（五）未按照规定进行应急预案修订的；

（六）未落实应急预案规定的应急物资及装备的。

生产经营单位未按照规定进行应急预案备案的，由县级以上人民政府应急管理等部门依照职责责令限期改正；逾期未改正的，处 3 万元以上 5 万元以下的罚款，对直接负责的主管人员和其他直接责任人员处 1 万元以上 2 万元以下的罚款。

第七章　附　　则

第四十六条　《生产经营单位生产安全事故应急预案备案申报表》和《生产经营

单位生产安全事故应急预案备案登记表》由应急管理部统一制定。

第四十七条　各省、自治区、直辖市应急管理部门可以依据本办法的规定，结合本地区实际制定实施细则。

第四十八条　对储存、使用易燃易爆物品、危险化学品等危险物品的科研机构、学校、医院等单位的安全事故应急预案的管理，参照本办法的有关规定执行。

第四十九条　本办法自 2016 年 7 月 1 日起施行。

附录三　危险化学品重大危险源监督管理暂行规定[1]

第一章　总　　则

第一条　为了加强危险化学品重大危险源的安全监督管理，防止和减少危险化学品事故的发生，保障人民群众生命财产安全，根据《中华人民共和国安全生产法》和《危险化学品安全管理条例》等有关法律、行政法规，制定本规定。

第二条　从事危险化学品生产、储存、使用和经营的单位（以下统称危险化学品单位）的危险化学品重大危险源的辨识、评估、登记建档、备案、核销及其监督管理，适用本规定。

城镇燃气、用于国防科研生产的危险化学品重大危险源以及港区内危险化学品重大危险源的安全监督管理，不适用本规定。

第三条　本规定所称危险化学品重大危险源（以下简称重大危险源），是指按照《危险化学品重大危险源辨识》（GB18218）标准辨识确定，生产、储存、使用或者搬运危险化学品的数量等于或者超过临界量的单元（包括场所和设施）。

第四条　危险化学品单位是本单位重大危险源安全管理的责任主体，其主要负责人对本单位的重大危险源安全管理工作负责，并保证重大危险源安全生产所必需的安全投入。

第五条　重大危险源的安全监督管理实行属地监管与分级管理相结合的原则。

县级以上地方人民政府安全生产监督管理部门按照有关法律、法规、标准和本规定，对本辖区内的重大危险源实施安全监督管理。

第六条　国家鼓励危险化学品单位采用有利于提高重大危险源安全保障水平的先进适用的工艺、技术、设备以及自动控制系统，推进安全生产监督管理部门重大危险源安全监管的信息化建设。

第二章　辨识与评估

第七条　危险化学品单位应当按照《危险化学品重大危险源辨识》标准，对本单

① 国家安全生产监督管理总局令第 40 号。

位的危险化学品生产、经营、储存和使用装置、设施或者场所进行重大危险源辨识，并记录辨识过程与结果。

第八条　危险化学品单位应当对重大危险源进行安全评估并确定重大危险源等级。危险化学品单位可以组织本单位的注册安全工程师、技术人员或者聘请有关专家进行安全评估，也可以委托具有相应资质的安全评价机构进行安全评估。

依照法律、行政法规的规定，危险化学品单位需要进行安全评价的，重大危险源安全评估可以与本单位的安全评价一起进行，以安全评价报告代替安全评估报告，也可以单独进行重大危险源安全评估。

重大危险源根据其危险程度，分为一级、二级、三级和四级，一级为最高级别。重大危险源分级方法由本规定附件 1 列示。

第九条　重大危险源有下列情形之一的，应当委托具有相应资质的安全评价机构，按照有关标准的规定采用定量风险评价方法进行安全评估，确定个人和社会风险值：

（一）构成一级或者二级重大危险源，且毒性气体实际存在（在线）量与其在《危险化学品重大危险源辨识》中规定的临界量比值之和大于或等于 1 的；

（二）构成一级重大危险源，且爆炸品或液化易燃气体实际存在（在线）量与其在《危险化学品重大危险源辨识》中规定的临界量比值之和大于或等于 1 的。

第十条　重大危险源安全评估报告应当客观公正、数据准确、内容完整、结论明确、措施可行，并包括下列内容：

（一）评估的主要依据；

（二）重大危险源的基本情况；

（三）事故发生的可能性及危害程度；

（四）个人风险和社会风险值（仅适用定量风险评价方法）；

（五）可能受事故影响的周边场所、人员情况；

（六）重大危险源辨识、分级的符合性分析；

（七）安全管理措施、安全技术和监控措施；

（八）事故应急措施；

（九）评估结论与建议。

危险化学品单位以安全评价报告代替安全评估报告的，其安全评价报告中有关重大危险源的内容应当符合本条第一款规定的要求。

第十一条　有下列情形之一的，危险化学品单位应当对重大危险源重新进行辨识、安全评估及分级：

（一）重大危险源安全评估已满三年的；

（二）构成重大危险源的装置、设施或者场所进行新建、改建、扩建的；

（三）危险化学品种类、数量、生产、使用工艺或者储存方式及重要设备、设施等发生变化，影响重大危险源级别或者风险程度的；

（四）外界生产安全环境因素发生变化，影响重大危险源级别和风险程度的；

（五）发生危险化学品事故造成人员死亡，或者10人以上受伤，或者影响到公共安全的；

（六）有关重大危险源辨识和安全评估的国家标准、行业标准发生变化的。

第三章　安全管理

第十二条　危险化学品单位应当建立完善重大危险源安全管理规章制度和安全操作规程，并采取有效措施保证其得到执行。

第十三条　危险化学品单位应当根据构成重大危险源的危险化学品种类、数量、生产、使用工艺（方式）或者相关设备、设施等实际情况，按照下列要求建立健全安全监测监控体系，完善控制措施：

（一）重大危险源配备温度、压力、液位、流量、组份等信息的不间断采集和监测系统以及可燃气体和有毒有害气体泄漏检测报警装置，并具备信息远传、连续记录、事故预警、信息存储等功能；一级或者二级重大危险源，具备紧急停车功能。记录的电子数据的保存时间不少于30天；

（二）重大危险源的化工生产装置装备满足安全生产要求的自动化控制系统；一级或者二级重大危险源，装备紧急停车系统；

（三）对重大危险源中的毒性气体、剧毒液体和易燃气体等重点设施，设置紧急切断装置；毒性气体的设施，设置泄漏物紧急处置装置。涉及毒性气体、液化气体、剧毒液体的一级或者二级重大危险源，配备独立的安全仪表系统（SIS）；

（四）重大危险源中储存剧毒物质的场所或者设施，设置视频监控系统；

（五）安全监测监控系统符合国家标准或者行业标准的规定。

第十四条　通过定量风险评价确定的重大危险源的个人和社会风险值，不得超过本规定附件2列示的个人和社会可容许风险限值标准。

超过个人和社会可容许风险限值标准的，危险化学品单位应当采取相应的降低风险措施。

第十五条　危险化学品单位应当按照国家有关规定，定期对重大危险源的安全设施和安全监测监控系统进行检测、检验，并进行经常性维护、保养，保证重大危险源的安全设施和安全监测监控系统有效、可靠运行。维护、保养、检测应当作好记录，并由有关人员签字。

第十六条　危险化学品单位应当明确重大危险源中关键装置、重点部位的责任人或者责任机构，并对重大危险源的安全生产状况进行定期检查，及时采取措施消除事故隐患。事故隐患难以立即排除的，应当及时制定治理方案，落实整改措施、责任、资金、时限和预案。

第十七条　危险化学品单位应当对重大危险源的管理和操作岗位人员进行安全操作技能培训，使其了解重大危险源的危险特性，熟悉重大危险源安全管理规章制度和安全操作规程，掌握本岗位的安全操作技能和应急措施。

第十八条　危险化学品单位应当在重大危险源所在场所设置明显的安全警示标志，写明紧急情况下的应急处置办法。

第十九条　危险化学品单位应当将重大危险源可能发生的事故后果和应急措施等信息，以适当方式告知可能受影响的单位、区域及人员。

第二十条　危险化学品单位应当依法制定重大危险源事故应急预案，建立应急救援组织或者配备应急救援人员，配备必要的防护装备及应急救援器材、设备、物资，并保障其完好和方便使用；配合地方人民政府安全生产监督管理部门制定所在地区涉及本单位的危险化学品事故应急预案。

对存在吸入性有毒、有害气体的重大危险源，危险化学品单位应当配备便携式浓度检测设备、空气呼吸器、化学防护服、堵漏器材等应急器材和设备；涉及剧毒气体的重大危险源，还应当配备两套以上（含本数）气密型化学防护服；涉及易燃易爆气体或者易燃液体蒸气的重大危险源，还应当配备一定数量的便携式可燃气体检测设备。

第二十一条　危险化学品单位应当制定重大危险源事故应急预案演练计划，并按照下列要求进行事故应急预案演练：

（一）对重大危险源专项应急预案，每年至少进行一次；

（二）对重大危险源现场处置方案，每半年至少进行一次。

应急预案演练结束后，危险化学品单位应当对应急预案演练效果进行评估，撰写应急预案演练评估报告，分析存在的问题，对应急预案提出修订意见，并及时修订完善。

第二十二条　危险化学品单位应当对辨识确认的重大危险源及时、逐项进行登记建档。

重大危险源档案应当包括下列文件、资料：

（一）辨识、分级记录；

（二）重大危险源基本特征表；

（三）涉及的所有化学品安全技术说明书；

（四）区域位置图、平面布置图、工艺流程图和主要设备一览表；

（五）重大危险源安全管理规章制度及安全操作规程；

（六）安全监测监控系统、措施说明、检测、检验结果；

（七）重大危险源事故应急预案、评审意见、演练计划和评估报告；

（八）安全评估报告或者安全评价报告；

（九）重大危险源关键装置、重点部位的责任人、责任机构名称；

（十）重大危险源场所安全警示标志的设置情况；

（十一）其他文件、资料。

第二十三条　危险化学品单位在完成重大危险源安全评估报告或者安全评价报告后15日内，应当填写重大危险源备案申请表，连同本规定第二十二条规定的重大危险源档案材料（其中第二款第五项规定的文件资料只需提供清单），报送所在地县级人民政府安全生产监督管理部门备案。

县级人民政府安全生产监督管理部门应当每季度将辖区内的一级、二级重大危险源备案材料报送至设区的市级人民政府安全生产监督管理部门。设区的市级人民政府安全生产监督管理部门应当每半年将辖区内的一级重大危险源备案材料报送至省级人民政府安全生产监督管理部门。

重大危险源出现本规定第十一条所列情形之一的，危险化学品单位应当及时更新档案，并向所在地县级人民政府安全生产监督管理部门重新备案。

第二十四条　危险化学品单位新建、改建和扩建危险化学品建设项目，应当在建设项目竣工验收前完成重大危险源的辨识、安全评估和分级、登记建档工作，并向所在地县级人民政府安全生产监督管理部门备案。

第四章　监督检查

第二十五条　县级人民政府安全生产监督管理部门应当建立健全危险化学品重大危险源管理制度，明确责任人员，加强资料归档。

第二十六条　县级人民政府安全生产监督管理部门应当在每年1月15日前，将辖区内上一年度重大危险源的汇总信息报送至设区的市级人民政府安全生产监督管理部门。设区的市级人民政府安全生产监督管理部门应当在每年1月31日前，将辖区内上一年度重大危险源的汇总信息报送至省级人民政府安全生产监督管理部门。省级人民政府安全生产监督管理部门应当在每年2月15日前，将辖区内上一年度重大危险源的汇总信息报送至国家安全生产监督管理总局。

第二十七条　重大危险源经过安全评价或者安全评估不再构成重大危险源的，危险化学品单位应当向所在地县级人民政府安全生产监督管理部门申请核销。

申请核销重大危险源应当提交下列文件、资料：

（一）载明核销理由的申请书；

（二）单位名称、法定代表人、住所、联系人、联系方式；

（三）安全评价报告或者安全评估报告。

第二十八条　县级人民政府安全生产监督管理部门应当自收到申请核销的文件、资料之日起30日内进行审查，符合条件的，予以核销并出具证明文书；不符合条件的，说明理由并书面告知申请单位。必要时，县级人民政府安全生产监督管理部门应当聘请有关专家进行现场核查。

第二十九条　县级人民政府安全生产监督管理部门应当每季度将辖区内一级、二级重大危险源的核销材料报送至设区的市级人民政府安全生产监督管理部门。设区的市级人民政府安全生产监督管理部门应当每半年将辖区内一级重大危险源的核销材料报送至省级人民政府安全生产监督管理部门。

第三十条　县级以上地方各级人民政府安全生产监督管理部门应当加强对存在重大危险源的危险化学品单位的监督检查，督促危险化学品单位做好重大危险源的辨识、安全评估及分级、登记建档、备案、监测监控、事故应急预案编制、核销和安全管理工作。

首次对重大危险源的监督检查应当包括下列主要内容：

（一）重大危险源的运行情况、安全管理规章制度及安全操作规程制定和落实情况；

（二）重大危险源的辨识、分级、安全评估、登记建档、备案情况；

（三）重大危险源的监测监控情况；

（四）重大危险源安全设施和安全监测监控系统的检测、检验以及维护保养情况；

（五）重大危险源事故应急预案的编制、评审、备案、修订和演练情况；

（六）有关从业人员的安全培训教育情况；

（七）安全标志设置情况；

（八）应急救援器材、设备、物资配备情况；

（九）预防和控制事故措施的落实情况。

安全生产监督管理部门在监督检查中发现重大危险源存在事故隐患的，应当责令立即排除；重大事故隐患排除前或者排除过程中无法保证安全的，应当责令从危险区域内撤出作业人员，责令暂时停产停业或者停止使用；重大事故隐患排除后，经安全生产监督管理部门审查同意，方可恢复生产经营和使用。

第三十一条　县级以上地方各级人民政府安全生产监督管理部门应当会同本级人民政府有关部门，加强对工业（化工）园区等重大危险源集中区域的监督检查，确保重大危险源与周边单位、居民区、人员密集场所等重要目标和敏感场所之间保持适当的安全距离。

第五章　法律责任

第三十二条　危险化学品单位有下列行为之一的，由县级以上人民政府安全生产监督管理部门责令限期改正，可以处10万元以下的罚款；逾期未改正的，责令停产停业整顿，并处10万元以上20万元以下的罚款，对其直接负责的主管人员和其他直接责任人员处2万元以上5万元以下的罚款；构成犯罪的，依照刑法有关规定追究刑事责任：

（一）未按照本规定要求对重大危险源进行安全评估或者安全评价的；

（二）未按照本规定要求对重大危险源进行登记建档的；

（三）未按照本规定及相关标准要求对重大危险源进行安全监测监控的；

（四）未制定重大危险源事故应急预案的。

第三十三条　危险化学品单位有下列行为之一的，由县级以上人民政府安全生产监督管理部门责令限期改正，可以处5万元以下的罚款；逾期未改正的，处5万元以上20万元以下的罚款，对其直接负责的主管人员和其他直接责任人员处1万元以上2万元以下的罚款；情节严重的，责令停产停业整顿；构成犯罪的，依照刑法有关规定追究刑事责任：

（一）未在构成重大危险源的场所设置明显的安全警示标志的；

（二）未对重大危险源中的设备、设施等进行定期检测、检验的。

第三十四条　危险化学品单位有下列情形之一的，由县级以上人民政府安全生产监督管理部门给予警告，可以并处5000元以上3万元以下的罚款：

（一）未按照标准对重大危险源进行辨识的；

（二）未按照本规定明确重大危险源中关键装置、重点部位的责任人或者责任机构的；

（三）未按照本规定建立应急救援组织或者配备应急救援人员，以及配备必要的防护装备及器材、设备、物资，并保障其完好的；

（四）未按照本规定进行重大危险源备案或者核销的；

（五）未将重大危险源可能引发的事故后果、应急措施等信息告知可能受影响的单位、区域及人员的；

（六）未按照本规定要求开展重大危险源事故应急预案演练的；

（七）未按照本规定对重大危险源的安全生产状况进行定期检查，采取措施消除事故隐患的。

第三十五条　危险化学品单位未按照本规定对重大危险源的安全生产状况进行定期检查，采取措施消除事故隐患的，责令立即消除或者限期消除；危险化学品单位拒不执行的，责令停产停业整顿，并处10万元以上20万元以下的罚款，对其直接负责的主管人员和其他直接责任人员处2万元以上5万元以下的罚款。

第三十六条　承担检测、检验、安全评价工作的机构，出具虚假证明的，没收违法所得；违法所得在10万元以上的，并处违法所得2倍以上5倍以下的罚款；没有违法所得或者违法所得不足10万元的，单处或者并处10万元以上20万元以下的罚款；对其直接负责的主管人员和其他直接责任人员处2万元以上5万元以下的罚款；给他人造成损害的，与危险化学品单位承担连带赔偿责任；构成犯罪的，依照刑法有关规定追究刑事责任。

对有前款违法行为的机构，依法吊销其相应资质。

第六章　附　　则

第三十七条　本规定自2011年12月1日起施行。

附录四　生产经营单位生产安全事故应急预案编制导则[①]

1　范围

本标准规定了生产经营单位生产安全事故应急预案的编制程序、体系构成和综合应急预案、专项应急预案、现场处置方案的主要内容以及附件信息。

本标准适用于生产经营单位生产安全事故应急预案(以下简称应急预案)编制工作,核电厂、其他社会组织和单位的应急预案编制可参照本标准执行。

2　规范性引用文件

下列文件对于本文件的应用是必不可少的。凡是注日期的引用文件,仅注日期的版本适用于本文件。凡是不注日期的引用文件,其最新版本(包括所有的修改单)适用于本文件。

AQ/T 9007　生产安全事故应急演练基本规范

3　术语和定义

下列术语和定义适用于本文件。

3.1　应急预案　emergency response plan

针对可能发生的事故,为最大程度减少事故损害而预先制定的应急准备工作方案。

3.2　应急响应　emergency response

针对事故险情或事故,依据应急预案采取的应急行动。

3.3　应急演练　emergency exercise

针对可能发生的事故情景,依据应急预案模拟开展的应急活动。

3.4　应急预案评审　emergency response plan review

对新编制或修订的应急预案内容的适用性所开展的分析评估及审定过程。

4　应急预案编制程序

4.1　概述

① 中华人民共和国国家标准 GB/T 29639—2020。

生产经营单位应急预案编制程序包括成立应急预案编制工作组、资料收集、风险评估、应急资源调查、应急预案编制、桌面推演、应急预案评审和批准实施8个步骤。

4.2 成立应急预案编制工作组

结合本单位职能和分工，成立以单位有关负责人为组长，单位相关部门人员（如生产、技术、设备、安全、行政、人事、财务人员）参加的应急预案编制工作组，明确工作职责和任务分工，制订工作计划，组织开展应急预案编制工作。预案编制工作组中应邀请相关救援队伍以及周边相关企业、单位或社区代表参加.

4.3 资料收集

应急预案编制工作组应收集下列相关资料：

a）适用的法律法规、部门规章、地方性法规和政府规章、技术标准及规范性文件；

b）企业周边地质、地形、环境情况及气象、水文、交通资料；

c）企业现场功能区划分、建(构)筑物平面布置及安全距离资料；

d）企业工艺流程、工艺参数、作业条件、设备装置及风险评估资料；

e）本企业历史事故与隐患、国内外同行业事故资料；

f）属地政府及周边企业、单位应急预案。

4.4 风险评估

开展生产安全事故风险评估，撰写评估报告（编制大纲参见附录A），其内容包括但不限于：

a）辨识生产经营单位存在的危险有害因素，确定可能发生的生产安全事故类别；

b）分析各种事故类别发生的可能性、危害后果和影响范围；

c）评估确定相应事故类别的风险等级。

4.5 应急资源调查

全面调查和客观分析本单位以及周边单位和政府部门可请求援助的应急资源状况，撰写应急资源调查报告（编制大纲参见附录B），其内容包括但不限于：

a）本单位可调用的应急队伍、装备、物资、场所；

b）针对生产过程及存在的风险可采取的监测、监控、报警手段；

c）上级单位、当地政府及周边企业可提供的应急资源；

d）可协调使用的医疗、消防、专业抢险救援机构及其他社会化应急救援力量。

4.6 应急预案编制

4.6.1 应急预案编制应当遵循以人为本、依法依规、符合实际、注重实效的原则，以应急处置为核心，体现自救互救和先期处置的特点，做到职责明确、程序规范、措施科学，尽可能简明化、图表化、流程化。应急预案编制格式和要求参见附录C。

4.6.2 应急预案编制工作包括但不限下列：

a）依据事故风险评估及应急资源调查结果，结合本单位组织管理体系、生产规模及处置特点，合理确立本单位应急预案体系；

b）结合组织管理体系及部门业务职能划分，科学设定本单位应急组织机构及职责分工；

c）依据事故可能的危害程度和区域范围，结合应急处置权限及能力，清晰界定本单位的响应分级标准，制定相应层级的应急处置措施；

d）按照有关规定和要求，确定事故信息报告、响应分级与启动、指挥权移交、警戒疏散方面的内容，落实与相关部门和单位应急预案的衔接。

4.7 桌面推演

按照应急预案明确的职责分工和应急响应程序，结合有关经验教训，相关部门及其人员可采取桌面演练的形式，模拟生产安全事故应对过程，逐步分析讨论并形成记录，检验应急预案的可行性，并进一步完善应急预案。桌面演练的相关要求见AQ/T 9007。

4.8 应急预案评审

4.8.1 评审形式

应急预案编制完成后，生产经营单位应按法律法规有关规定组织评审或论证。参加应急预案评审的人员可包括有关安全生产及应急管理方面的、有现场处置经验的专家。应急预案论证可通过推演的方式开展。

4.8.2 评审内容

应急预案评审内容主要包括：风险评估和应急资源调查的全面性、应急预案体系设计的针对性、应急组织体系的合理性、应急响应程序和措施的科学性、应急保障措施的可行性、应急预案的衔接性。

4.8.3 评审程序

应急预案评审程序包括下列步骤：

a）评审准备。成立应急预案评审工作组，落实参加评审的专家，将应急预案、编制说明、风险评估、应急资源调查报告及其他有关资料在评审前送达参加评审的单位或人员。

b）组织评审。评审采取会议审查形式，企业主要负责人参加会议，会议由参加评审的专家共同推选出的组长主持，按照议程组织评审；表决时，应有不少于出席会议专家人数的三分之二同意方为通过；评审会议应形成评审意见（经评审组组长签字），附参加评审会议的专家签字表。表决的投票情况应以书面材料记录在案，并作为评审意见的附件。

c）修改完善。生产经营单位应认真分析研究，按照评审意见对应急预案进行修订和完善。评审表决不通过的，生产经营单位应修改完善后按评审程序重新组织专家评审，生产经营单位应写出根据专家评审意见的修改情况说明，并经专家组组长签字确认。

4.9 批准实施

通过评审的应急预案，由生产经营单位主要负责人签发实施。

5 应急预案体系

5.1 概述

生产经营单位应急预案分为综合应急预案、专项应急预案和现场处置方案。生产经营单位应根据有关法律、法规和相关标准，结合本单位组织管理体系、生产规模和可能发生的事故特点，科学合理确立本单位的应急预案体系，并注意与其他类别应急预案相衔接。

5.2 综合应急预案

综合应急预案是生产经营单位为应对各种生产安全事故而制定的综合性工作方案，是本单位应对生产安全事故的总体工作程序、措施和应急预案体系的总纲。

5.3 专项应急预案

专项应急预案是生产经营单位为应对某一种或者多种类型生产安全事故，或者针对重要生产设施、重大危险源、重大活动防止生产安全事故而制定的专项工作方案。专项应急预案与综合应急预案中的应急组织机构、应急响应程序相近时，可不编写专项应急预案，相应的应急处置措施并入综合应急预案。

5.4 现场处置方案

现场处置方案是生产经营单位根据不同生产安全事故类型，针对具体场所、装置或者设施所制定的应急处置措施。现场处置方案重点规范事故风险描述、应急工作职责、应急处置措施和注意事项，应体现自救互救、信息报告和先期处置的特点。

事故风险单一、危险性小的生产经营单位，可只编制现场处置方案。

6 综合应急预案内容

6.1 总则

6.1.1 适用范围

说明应急预案适用的范围。

6.1.2 响应分级

依据事故危害程度、影响范围和生产经营单位控制事态的能力，对事故应急响应进行分级，明确分级响应的基本原则。响应分级不必照搬事故分级。

6.2 应急组织机构及职责

明确应急组织形式(可用图示)及构成单位(部门)的应急处置职责。应急组织机构可设置相应的工作小组,各小组具体构成、职责分工及行动任务应以工作方案的形式作为附件。

6.3 应急响应

6.3.1 信息报告

6.3.1.1 信息接报

明确应急值守联系方式、事故信息接收、内部通报程序、方式和责任人,向上级主管部门、上级单位报告事故信息的流程、内容、时限和责任人,以及向本单位以外的有关部门或单位通报事故信息的方法、程序和责任人。

6.3.1.2 信息处置与研判

6.3.1.2.1 明确响应启动的程序和方式。根据事故性质、严重程度、影响范围和可控性,结合响应分级明确的条件,可由应急领导小组作出响应启动的决策并宣布,或者依据事故信息是否达到响应启动的条件自动启动。

6.3.1.2.2 若未达到响应启动条件,应急领导小组可作出预警启动的决策,做好响应准备,实时跟踪事态发展。

6.3.1.2.3 响应启动后,应注意跟踪事态发展,科学分析处置需求,及时调整响应级别,避免响应不足或过度响应。

6.3.2 预警

6.3.2.1 预警启动

明确预警信息发布渠道、方式和内容。

6.3.2.2 响应准备

明确作出预警启动后应开展的响应准备工作,包括队伍、物资、装备、后勤及通信。

6.3.2.3 预警解除

明确预警解除的基本条件、要求及责任人。

6.3.3 响应启动

确定响应级别,明确响应启动后的程序性工作,包括应急会议召开、信息上报、资源协调、信息公开、后勤及财力保障工作。

6.3.4 应急处置

明确事故现场的警戒疏散、人员搜救、医疗救治、现场监测、技术支持、工程抢险及环境保护方面的应急处置措施,并明确人员防护的要求。

6.3.5 应急支援

明确当事态无法控制情况下,向外部(救援)力量请求支援的程序及要求、联动程序及要求,以及外部(救援)力量到达后的指挥关系。

6.3.6　响应终止

明确响应终止的基本条件、要求和责任人。

6.4　后期处置

明确污染物处理、生产秩序恢复、人员安置方面的内容。

6.5　应急保障

6.5.1　通信与信息保障

明确应急保障的相关单位及人员通信联系方式和方法，以及备用方案和保障责任人。

6.5.2　应急队伍保障

明确相关的应急人力资源，包括专家、专兼职应急救援队伍及协议应急救援队伍。

6.5.3　物资装备保障

明确本单位的应急物资和装备的类型、数量、性能、存放位置、运输及使用条件、更新及补充时限、管理责任人及其联系方式，并建立台账。

6.5.4　其他保障

根据应急工作需求而确定的其他相关保障措施（如，能源保障、经费保障、交通运输保障、治安保障、技术保障、医疗保障及后勤保障）。

注：6.5.1～6.5.4 的相关内容，尽可能在应急预案的附件中体现。

7　专项应急预案内容

7.1　适用范围

说明专项应急预案适用的范围，以及与综合应急预案的关系。

7.2　应急组织机构及职责

明确应急组织形式（可用图示）及构成单位（部门）的应急处置职责。应急组织机构以及各成员单位或人员的具体职责。应急组织机构可以设置相应的应急工作小组，各小组具体构成、职责分工及行动任务建议以工作方案的形式作为附件。

7.3　响应启动

明确响应启动后的程序性工作，包括应急会议召开、信息上报、资源协调、信息公开、后勤及财力保障工作。

7.4　处置措施

针对可能发生的事故风险、危害程度和影响范围，明确应急处置指导原则，制定相应的应急处置措施。

7.5　应急保障

根据应急工作需求明确保障的内容。

注：专项应急预案包括但不限于 7.1～7.4 的内容。

8 现场处置方案内容

8.1 事故风险描述

简述事故风险评估的结果(可用列表的形式列在附件中)。

8.2 应急工作职责

明确应急组织分工和职责。

8.3 应急处置

包括但不限于下列内容:

a) 应急处置程序。根据可能发生的事故及现场情况,明确事故报警、各项应急措施启动、应急救护人员的引导、事故扩大及同生产经营单位应急预案的衔接程序。

b) 现场应急处置措施。针对可能发生的事故从人员救护、工艺操作、事故控制、消防、现场恢复等方面制定明确的应急处置措施。

c) 明确报警负责人以及报警联系方式及上级管理部门、相关应急救援单位联络方式和联系人员,事故报告基本要求和内容。

8.4 注意事项

包括人员防护和自救互救、装备使用、现场安全等方面的内容。

9 附件

9.1 生产经营单位概况

简要描述本单位地址、从业人数、隶属关系、主要原材料、主要产品、产量,以及重点岗位、重点区域、周边重大危险源、重要设施、目标、场所和周边布局情况。

9.2 风险评估的结果

简述本单位风险评估的结果。

9.3 预案体系与衔接

简述本单位应急预案体系构成和分级情况,明确与地方政府及其有关部门、其他相关单位应急预案的衔接关系(可用图示)。

9.4 应急物资装备的名录或清单

列出应急预案涉及的主要物资和装备名称、型号、性能、数量、存放地点、运输和使用条件、管理责任人和联系方式等。

9.5 有关应急部门、机构或人员的联系方式

列出应急工作中需要联系的部门、机构或人员及其多种联系方式。

9.6 格式化文本

列出信息接报、预案启动、信息发布等格式化文本。

9.7 关键的路线、标识和图纸包括但不限于:

a) 警报系统分布及覆盖范围;

b) 重要防护目标、风险清单及分布图；

c) 应急指挥部(现场指挥部)位置及救援队伍行动路线；

d) 疏散路线、集结点、警戒范围、重要地点的标识；

e) 相关平面布置、应急资源分布的图纸；

f) 生产经营单位的地理位置图、周边关系图、附近交通图；

g) 事故风险可能导致的影响范围图；

h) 附近医院地理位置图及路线图。

9.8 有关协议或者备忘录

列出与相关应急救援部门签订的应急救援协议或备忘录。

附录 A

(资料性附录)

生产安全事故风险评估报告编制大纲

A.1 危险有害因素辨识

描述生产经营单位危险有害因素辨识的情况(可用列表形式表述)。

A.2 事故风险分析

描述生产经营单位事故风险的类型、事故发生的可能性、危害后果和影响范围(可用列表形式表述)。

A.3 事故风险评价

描述生产经营单位事故风险的类别及风险等级(可用列表形式表述)。

A.4 结论建议

得出生产经营单位应急预案体系建设的计划建议。

附录 B

(资料性附录)

生产安全事故应急资源调查报告编制大纲

B.1 单位内部应急资源

按照应急资源的分类，分别描述相关应急资源的基本现状、功能完善程度、受可能发生的事故的影响程度(可用列表形式表述)。

B.2 单位外部应急资源

描述本单位能够调查或掌握可用于参与事故处置的外部应急资源情况(可用列表形式表述)。

B.3 应急资源差距分析

依据风险评估结果得出本单位的应急资源需求，与本单位现有内外部应急资源对比，提出本单位内外部应急资源补充建议。

附录 C
（资料性附录）
应急预案编制格式和要求

C.1　封面

应急预案封面主要包括应急预案编号、应急预案版本号、生产经营单位名称、应急预案名称及颁布日期。

C.2　批准页

应急预案应经生产经营单位主要负责人批准方可发布。

C.3　目次

应急预案应设置目次，目次中所列的内容及次序如下：

a）批准页；

b）应急预案执行部门签署页；

c）章的编号、标题；

d）带有标题的条的编号、标题（需要时列出）；

e）附件，用序号表明其顺序。

附录五　生产经营单位生产安全事故应急预案评估指南[①]

1　范围

本标准给出了生产经营单位生产安全事故应急预案评估的基本要求、工作程序与评估内容。

本标准适用于生产经营单位生产安全事故应急预案(以下简称应急预案)内容适用性的评估活动。根据预案类别、适用的对象不同,评估工作的组织及实施可参照本标准进行。

2　规范性引用文件

下列文件对于本文件的应用是必不可少的。凡是注日期的引用文件,仅注日期的版本适用于本文件。凡是不注日期的引用文件,其最新版本(包括所有的修改单)适用于本文件。

GB/T 29639　生产经营单位生产安全事故应急预案编制导则

3　术语和定义

下列术语和定义适用于本文件。

3.1　应急预案　emergency response plan

针对可能发生的事故,为最大程度减少事故损害而预先制定的应急准备工作方案。

3.2　应急响应　emergency response

针对事故险情或事故,依据应急预案采取的应急行动。

3.3　应急预案评估　emergency response plan assessment

对应急预案内容的适用性所开展的分析过程。

4　基本要求

4.1　评估目的

发现应急预案存在的问题和不足,对是否需要修订做出结论,并提出修订建议。

4.2　评估依据

---

① 中华人民共和国安全生产行业标准 AQ/T 9011—2019。

主要依据以下内容：

a）相关法律法规、标准及规范性文件；

b）生产经营单位风险评估结果；

c）生产经营单位应急组织机构设置情况；

d）应急演练评估报告；

e）应急处置评估报告；

f）应急资源调查及评估结果；

g）其他相关材料。

5　评估程序

5.1　成立评估组

结合本单位部门职能和分工，成立以单位相关负责人为组长，单位相关部门人员参加的应急预案评估组，明确工作职责和任务分工，制定工作方案。评估组成员人数一般为单数。生产经营单位可以邀请相关专业机构的人员或者有关专家参加应急预案评估，必要时委托安全生产技术服务机构实施。

5.2　资料收集分析

评估组应确定需评估的应急预案，依据4.2收集相关资料，明确以下情况：

a）法律法规、标准、规范性文件及上位预案中的有关规定变化情况；

b）应急指挥机构和成员单位（部门）及其职责调整情况；

c）面临的事故风险变化情况；

d）重要应急资源变化情况；

e）应急救援力量变化情况；

f）预案中的其他重要信息变化情况；

g）应急演练和事故应急处置中发现的问题；

h）其他情况。

5.3　评估实施

5.3.1　采用资料分析、现场审核、推演论证、人员访谈的方式，对应急预案进行评估。

a）资料分析：针对评估目的和评估内容，查阅法律法规、标准规范、应急预案、风险评估方面的相关文件资料，梳理有关规定、要求及证据材料，初步分析应急预案存在的问题；应急预案编制内容要求参见GB/T 29639；

b）现场审核：依据资料分析的情况，通过现场实地查看、设备操作检验的方式，准确掌握并验证应急资源、生产运行、工艺设备方面的问题情况；

c）推演论证：根据需要，采取桌面推演、实战演练的形式，对机构设置、职责分工、响应机制、信息报告方面的问题进行推演验证；

d) 人员访谈:采取抽样访谈或座谈研讨的方式,向有关人员收集信息、了解情况、考核能力、验证问题、沟通交流、听取建议,进一步论证有关问题情况。

5.3.2 生产安全事故应急预案评估表参见附录A。

5.4 评估报告编写

应急预案评估结束后,评估组成员沟通交流各自评估情况,对照有关规定及相关标准,汇总评估中发现的问题,并形成一致、公正客观的评估组意见,在此基础上组织撰写评估报告。

6 评估内容

6.1 应急预案管理要求

法律法规、标准、规范性文件及上位预案是否对应急预案作出新规定和要求,主要包括应急组织机构及其职责、应急预案体系、事故风险描述、应急响应及保障措施。

6.2 组织机构与职责

主要包括:

a) 生产经营单位组织体系是否发生变化;

b) 应急处置关键岗位应急职责是否调整;

c) 重点部门应急职责与分工是否重新划分;

d) 应急组织机构或人员对应急职责是否存在疑义;

e) 应急机构设置与职责能否满足实际需要。

6.3 主要事故风险

主要包括:

a) 生产经营单位事故风险分析是否全面客观;

b) 风险等级确定是否合理;

c) 是否有新增事故风险;

d) 事故风险防范和控制措施能否满足实际需要;

e) 依据事故风险评估提出的应急资源需求是否科学。

6.4 应急资源

生产经营单位对于本单位应急资源和合作区域内可请求援助的应急资源调查是否全面、与事故风险评估得出的实际需求是否匹配;现有的应急资源的数量、种类、功能、用途是否发生重大变化。

6.5 应急预案衔接

应急预案是否与政府、企业不同层级、救援队伍、周边单位与社区应急预案衔接,对信息报告、响应分级、指挥权移交、警戒疏散作出合理规定。

6.6 实施反馈

在应急演练、应急处置、监督检查、体系审核及投诉举报中,是否发现应急预案存在组织机构、应急响应程序、先期处置及后期处置方面的问题。

6.7　其他

其他可能对应急预案内容的适用性产生影响的因素。

7　报告主要内容

7.1　生产安全事故应急预案评估报告编制大纲参见附录B。

7.2　评估报告内容：

a）评估人员情况：评估人员基本信息及分工情况，包括姓名、性别、专业、职务职称及签字；

b）预案评估组织：预案评估工作的组织实施过程和主要工作安排；

c）预案基本情况：应急预案编制单位、编制及实施时间及批准人；

d）预案评估内容：评估应急预案管理要求、组织机构与职责、主要事故风险、应急资源、应急预案衔接及应急响应级别划分方面的变化情况，以及实施反馈中发现的问题；

e）预案适用性分析：依据评估出的变化情况和问题，对应急预案各个要素内容的适用性进行分析，指出存在的不符合项；

f）改进意见和建议：针对评估出的不符合项，提出改进的意见和建议；

g）评估结论：对应急预案作出综合评价及修订结论。

附录A
（资料性附录）
生产安全事故应急预案评估表

表A.1　生产安全事故应急预案评估表

评估要素	评估内容	评估方法	评估结果
1. 应急预案管理要求	1.1　梳理《中华人民共和国突发事件应对法》《中华人民共和国安全生产法》《生产安全事故应急条例》等法律法规中的有关新规定和要求，对照评估应急预案中的不符合项	资料分析	是否有不符合项，列出不符合项
	1.2　梳理国家标准、行业标准及地方标准中的有关新规定和要求，对照评估应急预案中的不符合项	资料分析	是否有不符合项，列出不符合项
	1.3　梳理规范性文件中的有关新规定和要求，对照评估应急预案中的不符合项	资料分析	是否有不符合项，列出不符合项
	1.4　梳理上位预案中的有关新规定和要求，对照评估应急预案中的不符合项	资料分析	是否有不符合项，列出不符合项

续表

评估要素	评估内容	评估方法	评估结果
2. 组织机构与职责	2.1　查阅生产经营单位机构设置、部门职能调整、应急处置关键岗位职责划分方面的文件资料，初步分析本单位应急预案中应急组织机构设置及职责是否合适、是否需要调整	资料分析	根据文件资料，判断组织机构是否合适，列出不合适部分
	2.2　抽样访谈，了解掌握生产经营单位本级、基层单位办公室、生产、安全及其他业务部门有关人员对本部门、本岗位的应急工作职责的意见建议	人员访谈	列出相关人员的建议
	2.3　依据资料分析和抽样访谈的情况，结合应急预案中应急组织机构及职责，召集有关职能部门代表，就重要职能进行推演论证，评估值班值守、调度指挥、应急协调、信息上报、舆论沟通、善后恢复的职责划分是否清晰，关键岗位职责是否明确，应急组织机构设置及职能分配与业务是否匹配	推演论证	职责划分是否清晰，岗位职责是否明确，机构设置及职能分配与业务是否匹配，列出不符合项
3. 主要事故风险	3.1　查阅生产经营单位风险评估报告，对照生产运行和工艺设备方面有关文件资料，初步分析本单位面临的主要事故风险类型及风险等级划分情况	资料分析	根据相关资料得出的本单位面临的主要事故风险类型及风险等级划分情况
	3.2　根据资料分析情况，前往重点基层单位、重点场所、重点部位查看验证	现场审核	现场查看风险情况
	3.3　座谈研讨，就资料分析和现场查证的情况，与办公室、生产、安全及相关业务部门以及基层单位人员代表沟通交流，评估本单位事故风险辨识是否准确、类型是否合理、等级确定是否科学、防范和控制措施能否满足实际需要，并结合风险情况提出应急资源需求	人员访谈	事故风险辨识是否准确、类型是否合理、等级确定是否科学、防范和控制措施能否满足实际需要，列出不符合项
4. 应急资源	4.1　查阅生产经营单位应急资源调查报告，对照应急资源清单、管理制度及有关文件资料，初步分析本单位及合作区域的应急资源状况	资料分析	根据相关资料得出的本单位及合作区域的应急资源状况

续表

评估要素	评估内容	评估方法	评估结果
4. 应急资源	4.2 根据资料分析情况，前往本单位及合作单位的物资储备库、重点场所，查看验证应急资源的实际储备、管理、维护情况，推演验证应急资源运输的路程路线及时长	现场审核、推演论证	应急资源的实际情况与预案情况是否相符，列出不符合项
	4.3 座谈研讨，就资料分析和现场查证的情况，结合风险评估得出的应急资源需求，与办公室、生产、安全及相关业务部门以及基层单位人员沟通交流，评估本单位及合作区域内现有的应急资源的数量、种类、功能、用途是否发生重大变化，外部应急资源的协调机制、响应时间能否满足实际需求	人员访谈	应急资源是否发生变化。外部应急资源的协调机制、响应时间能否满足实际需求，列出不符合项
5. 应急预案衔接	5.1 查阅上下级单位，有关政府部门、救援队伍及周边单位的相关应急预案，梳理分析在信息报告、响应分级、指挥权移交及警戒疏散工作方面的衔接要求，对照评估应急预案中的不符合项	资料分析	是否有不符合项，列出不符合项
	5.2 座谈研讨，就资料分析的情况，与办公室、生产、安全及相关业务部门、基层单位、周边单位人员沟通交流。评估应急预案在内外部上下衔接中的问题	人员访谈	是否有问题，列出预案衔接中的问题
6. 实施反馈	6.1 查阅生产经营单位应急演练评估报告、应急处置总结报告、监督检查、体系审核及投诉举报方面的文件资料，初步梳理归纳应急预案存在的问题	资料分析	列出存在的问题
	6.2 座谈研讨，就资料分析得出的情况，与办公室、生产、安全及相关业务部门、基层单位人员沟通交流，评估确认应急预案存在的问题	人员访谈	列出座谈中反映的问题
7. 其他	7.1 查阅其他有可能影响应急预案适用性因素的文件资料，对照评估应急预案中的不符合项	资料分析	是否有不符合项，列出不符合项
	7.2 依据资料分析的情况，采取人员访谈、现场审核、推演论证的方式进一步评估确认有关问题	人员访谈、现场审核、推演论证	列出其他有关问题

附录 B
（资料性附录）
生产安全事故应急预案评估报告编制大纲

B.1　总则

B.1.1　评估对象

B.1.2　评估目的

B.1.3　评估依据

B.2　应急预案评估内容

B.2.1　应急预案管理要求

B.2.2　组织机构与职责

B.2.3　主要事故风险

B.2.4　应急资源

B.2.5　应急预案衔接

B.2.6　实施反馈

B.3　应急预案适用性分析

对应急预案各个要素内容的适用性进行分析，指出存在的不符合项。

B.4　改进意见及建议

针对评估出的不符合项，提出相应的改进意见和建议。

B.5　评估结论

对应急预案作出综合评价及修订结论。

附录六　生产安全事故应急演练基本规范[①]

1　范围

本标准规定了生产安全事故应急演练（以下简称应急演练）的计划、准备、实施、评估总结和持续改进规范性要求。

本标准适用于针对生产安全事故所开展的应急演练活动。

2　规范性引用文件

下列文件对于本文件的应用是必不可少的。凡是注日期的引用文件，仅注日期的版本适用于本文件。凡是不注日期的引用文件，其最新版本（包括所有的修改单）适用于本文件。

AQ/T 9009—2015　生产安全事故应急演练评估规范

3　术语和定义

下列术语和定义适用于本文件。

3.1　事故情景　accident scenario

针对生产经营过程中存在的事故风险而预先设定的事故状况（包括事故发生的时间、地点、特征、波及范围以及变化趋势）。

3.2　应急演练　emergency exercise

针对可能发生的事故情景，依据应急预案而模拟开展的应急活动。

3.3　综合演练　complex exercise

针对应急预案中多项或全部应急响应功能开展的演练活动。

3.4　单项演练 individual exercise

针对应急预案中某一项应急响应功能开展的演练活动。

3.5　桌面演练　tabletop exercise

针对事故情景，利用图纸、沙盘、流程图、计算机模拟、视频会议等辅助手段，进行交互式讨论和推演的应急演练活动。

3.6　实战演练　practical exercise

---

① 中华人民共和国安全生产行业标准 AQ/T 9007—2019。

针对事故情景，选择（或模拟）生产经营活动中的设备、设施、装置或场所，利用各类应急器材、装备、物资，通过决策行动、实际操作，完成真实应急响应的过程。

3.7 检验性演练 inspectability exercise

为检验应急预案的可行性、应急准备的充分性、应急机制的协调性及相关人员的应急处置能力而组织的演练。

3.8 示范性演练 demonstration exercise

为检验和展示综合应急救援能力，按照应急预案开展的具有较强指导宣教意义的规范性演练。

3.9 研究性演练 research exercise

为探讨和解决事故应急处置的重点、难点问题，试验新方案、新技术、新装备而组织的演练。

4 总则

4.1 应急演练目的

a) 检验预案：发现应急预案中存在的问题，提高应急预案的针对性、实用性和可操作性；

b) 完善准备：完善应急管理标准制度，改进应急处置技术，补充应急装备和物资，提高应急能力；

c) 磨合机制：完善应急管理部门、相关单位和人员的工作职责，提高协调配合能力；

d) 宣传教育：普及应急管理知识，提高参演和观摩人员风险防范意识和自救互救能力；

e) 锻炼队伍：熟悉应急预案，提高应急人员在紧急情况下妥善处置事故的能力。

4.2 应急演练分类

应急演练按照演练内容分为综合演练和单项演练，按照演练形式分为实战演练和桌面演练，按目的与作用分为检验性演练、示范性演练和研究性演练，不同类型的演练可相互组合。

4.3 应急演练工作原则

a) 符合相关规定：按照国家相关法律法规、标准及有关规定组织开展演练；

b) 依据预案演练：结合生产面临的风险及事故特点，依据应急预案组织开展演练；

c) 注重能力提高：突出以提高指挥协调能力、应急处置能力和应急准备能力组织开展演练；

d) 确保安全有序：在保证参演人员、设备设施及演练场所安全的条件下组织开展演练。

4.4　应急演练基本流程

应急演练实施基本流程包括计划、准备、实施、评估总结、持续改进五个阶段。

5　计划

5.1　需求分析

全面分析和评估应急预案、应急职责、应急处置工作流程和指挥调度程序、应急技能和应急装备、物资的实际情况，提出需通过应急演练解决的内容，有针对性地确定应急演练目标，提出应急演练的初步内容和主要科目。

5.2　明确任务

确定应急演练的事故情景类型、等级、发生地域，演练方式，参演单位，应急演练各阶段主要任务，应急演练实施的拟定日期。

5.3　制订计划

根据需求分析及任务安排，组织人员编制演练计划文本。

6　准备

6.1　成立演练组织机构

综合演练通常应成立演练领导小组，负责演练活动筹备和实施过程中的组织领导工作，审定演练工作方案、演练工作经费、演练评估总结以及其他需要决定的重要事项。演练领导小组下设策划与导调组、宣传组、保障组、评估组。根据演练规模大小，其组织机构可进行调整。

a) 策划与导调组：负责编制演练工作方案、演练脚本、演练安全保障方案，负责演练活动筹备、事故场景布置、演练进程控制和参演人员调度以及与相关单位、工作组的联络和协调；

b) 宣传组：负责编制演练宣传方案，整理演练信息、组织新闻媒体和开展新闻发布；

c) 保障组：负责演练的物资装备、场地、经费、安全保卫及后勤保障；

d) 评估组：负责对演练准备、组织与实施进行全过程、全方位的跟踪评估；演练结束后，及时向演练单位或演练领导小组及其他相关专业组提出评估意见、建议，并撰写演练评估报告。

6.2　编制文件

6.2.1　工作方案

演练工作方案内容：

a) 目的及要求；

b) 事故情景；

c) 参与人员及范围；

d）时间与地点；

e）主要任务及职责；

f）筹备工作内容；

g）主要工作步骤；

h）技术支撑及保障条件；

i）评估与总结。

6.2.2　脚本

演练一般按照应急预案进行，按照应急预案进行时，根据工作方案中设定的事故情景和应急预案中规定的程序开展演练工作。演练单位根据需要确定是否编制脚本，如编制脚本，一般采用表格形式，主要内容：

a）模拟事故情景；

b）处置行动与执行人员；

c）指令与对白、步骤及时间安排；

d）视频背景与字幕；

e）演练解说词；

f）其他。

6.2.3　评估方案

演练评估方案内容：

a）演练信息：目的和目标、情景描述，应急行动与应对措施简介；

b）评估内容：各种准备、组织与实施、效果；

c）评估标准：各环节应达到的目标评判标准；

d）评估程序：主要步骤及任务分工；

e）附件：所需要用到的相关表格。

6.2.4　保障方案

演练保障方案应包括应急演练可能发生的意外情况、应急处置措施及责任部门、应急演练意外情况中止条件与程序。

6.2.5　观摩手册

根据演练规模和观摩需要，可编制演练观摩手册。演练观摩手册通常包括应急演练时间、地点、情景描述、主要环节及演练内容、安全注意事项。

6.2.6　宣传方案

编制演练宣传方案，明确宣传目标、宣传方式、传播途径、主要任务及分工、技术支持。

6.3　工作保障

根据演练工作需要，做好演练的组织与实施需要相关保障条件。保障条件主要内容：

a）人员保障：按照演练方案和有关要求，确定演练总指挥、策划导调、宣传、保障、评估、参演人员参加演练活动，必要时设置替补人员；

b）经费保障：明确演练工作经费及承担单位；

c）物资和器材保障：明确各参演单位所准备的演练物资和器材；

d）场地保障：根据演练方式和内容，选择合适的演练场地；演练场地应满足演练活动需要，应尽量避免影响企业和公众正常生产、生活；

e）安全保障：采取必要安全防护措施，确保参演、观摩人员以及生产运行系统安全；

f）通信保障：采用多种公用或专用通信系统，保证演练通信信息通畅；

g）其他保障：提供其他保障措施。

7　实施

7.1　现场检查

确认演练所需的工具、设备、设施、技术资料以及参演人员到位。对应急演练安全设备、设施进行检查确认，确保安全保障方案可行，所有设备、设施完好，电力、通信系统正常。

7.2　演练简介

应急演练正式开始前，应对参演人员进行情况说明，使其了解应急演练规则、场景及主要内容、岗位职责和注意事项。

7.3　启动

应急演练总指挥宣布开始应急演练，参演单位及人员按照设定的事故情景，参与应急响应行动，直至完成全部演练工作。演练总指挥可根据演练现场情况，决定是否继续或中止演练活动。

7.4　执行

7.4.1　桌面演练执行

在桌面演练过程中，演练执行人员按照应急预案或应急演练方案发出信息指令后，参演单位和人员依据接收到的信息，回答问题或模拟推演的形式，完成应急处置活动。通常按照四个环节循环往复进行：

a）注入信息：执行人员通过多媒体文件、沙盘、消息单等多种形式向参演单位和人员展示应急演练场景，展现生产安全事故发生发展情况；

b）提出问题：在每个演练场景中，由执行人员在场景展现完毕后根据应急演练方案提出一个或多个问题，或者在场景展现过程中自动呈现应急处置任务，供应急演练参与人员根据各自角色和职责分工展开讨论；

c）分析决策：根据执行人员提出的问题或所展现的应急决策处置任务及场景信

息，参演单位和人员分组开展思考讨论，形成处置决策意见；

d）表达结果：在组内讨论结束后，各组代表按要求提交或口头阐述本组的分析决策结果，或者通过模拟操作与动作展示应急处置活动。

各组决策结果表达结束后，导调人员可对演练情况进行简要讲解，接着注入新的信息。

7.4.2 实战演练执行

按照应急演练工作方案，开始应急演练，有序推进各个场景，开展现场点评，完成各项应急演练活动，妥善处理各类突发情况，宣布结束与意外终止应急演练。实战演练执行主要按照以下步骤进行：

a）演练策划与导调组对应急演练实施全过程的指挥控制；

b）演练策划与导调组按照应急演练工作方案（脚本）向参演单位和人员发出信息指令，传递相关信息，控制演练进程；信息指令可由人工传递，也可以用对讲机、联系方式、手机、传真机、网络方式传送，或者通过特定声音、标志与视频呈现；

c）演练策划与导调组按照应急演练工作方案规定程序，熟练发布控制信息，调度参演单位和人员完成各项应急演练任务；应急演练过程中，执行人员应随时掌握应急演练进展情况，并向领导小组组长报告应急演练中出现的各种问题；

d）各参演单位和人员，根据导调信息和指令，依据应急演练工作方案规定流程，按照发生真实事件时的应急处置程序，采取相应的应急处置行动；

e）参演人员按照应急演练方案要求，做出信息反馈；

f）演练评估组跟踪参演单位和人员的响应情况，进行成绩评定并作好记录。

7.5 演练记录

演练实施过程中，安排专门人员采用文字、照片和音像手段记录演练过程。

7.6 中断

在应急演练实施过程中，出现特殊或意外情况，短时间内不能妥善处理或解决时，应急演练总指挥按照事先规定的程序和指令中断应急演练。

7.7 结束

完成各项演练内容后，参演人员进行人数清点和讲评，演练总指挥宣布演练结束。

8 评估总结

8.1 评估

按照 AQ/T 9009—2015 中 7.1、7.2、7.3、7.4 要求执行。

8.2 总结

8.2.1 撰写演练总结报告

应急演练结束后，演练组织单位应根据演练记录、演练评估报告、应急预案、现场总结材料，对演练进行全面总结，并形成演练书面总结报告。报告可对应急演练准备、策划工作进行简要总结分析。参与单位也可对本单位的演练情况进行总结。演练总结报告的主要内容：

a）演练基本概要；

b）演练发现的问题，取得的经验和教训；

c）应急管理工作建议。

8.2.2　演练资料归档

应急演练活动结束后，演练组织单位应将应急演练工作方案、应急演练书面评估报告、应急演练总结报告文字资料，以及记录演练实施过程的相关图片、视频、音频资料归档保存。

9　持续改进

9.1　应急预案修订完善

根据演练评估报告中对应急预案的改进建议，按程序对预案进行修订完善。

9.2　应急管理工作改进

9.2.1　应急演练结束后，演练组织单位应根据应急演练评估报告、总结报告提出的问题和建议，对应急管理工作（包括应急演练工作）进行持续改进。

9.2.2　演练组织单位应督促相关部门和人员，制订整改计划，明确整改目标，制定整改措施，落实整改资金，并跟踪督查整改情况。

参 考 文 献

[1] 崔政斌,石方惠,周礼庆.危险化学品企业应急救援[M].北京:化学工业出版社,2009.
[2] 王飞,郑晓翠,李鑫,等.应急演练设计与推演[M].北京:清华大学出版社,2020.
[3] 吴超.危险化学品应急处置便携手册[M].北京:化学工业出版社,2019.
[4] 赵正宏.应急救援预案编制与演练[M].北京:中国石化出版社,2019.
[5] 赵正宏.应急救援法律法规[M].北京:中国石化出版社,2019.
[6] 赵正宏.应急救援典型案例精析[M].北京:中国石化出版社,2019.
[7] 李雪峰.应急演练实施指南[M].北京:中国人民大学出版社,2018.
[8] 赵正宏.应急救援装备[M].北京:中国石化出版社,2019.
[9] 赵正宏.应急救援基础知识[M].北京:中国石化出版社,2019.
[10] 任彦斌,王斌.危险化学品事故应急管理与预案编制[M].北京:中国劳动社会保障出版社,2015.
[11] 龚建军.应急管理人员培训教材[M].北京:机械工业出版社,2019.
[12] 陈虹.突发事件应急救援标准及地震应急救援标准建设[M].北京:地震出版社,2014.